BusinessVillage

Gesine Engelage-Meyer & Sonja Hanau

Mit hybriden Teams mehr erreichen

Werkzeuge, Methoden und Praktiken für gelungene Zusammenarbeit auf Distanz

BusinessVillage

Gesine Engelage-Meyer, Sonja Hanau
Mit hybriden Teams mehr erreichen
Werkzeuge, Methoden und Praktiken für gelungene Zusammenarbeit auf Distanz
2. Auflage 2023

Bestellnummern
ISBN 978-3-86980-644-0 (Druckausgabe)
ISBN 978-3-86980-645-7 (E-Book)
ISBN 978-3-86980-646-4 (E-Book)
Direktbezug www.BusinessVillage.de/1148.html

Bezugs- und Verlagsanschrift
BusinessVillage GmbH
Reinhäuser Landstraße 22
37083 Göttingen
Telefon: +49 (0)5 51 20 99-1 00 Fax: +49 (0)5 51 20 99-1 05
E-Mail: info@businessvillage.de Web: www.businessvillage.de

Layout und Satz | Sabine Kempke
Druck und Bindung | www.booksfactory.de

Inhalt

Über die Autorinnen

Gesine Engelage-Meyer verbindet gerne Welten. Als technische Betriebswirtin ist sie Fan von smarten Prozessen und als erfahrene Change Managerin weiß sie, dass es immer das Miteinander ist, das über Erfolg oder Misserfolg entscheidet. In fünfzehn Jahren Berufspraxis intern in großen Unternehmen wie auch extern als gefragte Moderatorin und Trainerin hat sie gelernt, Komplexes einfach zu vermitteln und mit Freude das Verlassen von Komfortzonen zu unterstützen. Sie lebt mit ihrer Familie in Hamburg.

Kontakt aufnehmen zu Gesine:
gesine@teamelephant.de
www.teamelephant.de

Sonja Hanau tut alles dafür, damit es weniger und dafür bessere Meetings gibt. Seit mehr als zehn Jahren sorgt die Wirtschaftsinformatikerin dafür, mithilfe von passender Technik und guten Strukturen einen Rahmen zu schaffen, in dem Menschen ihre Potenziale entfalten und ihre Ziele erreichen. Sie begleitet Unternehmen bei der Entwicklung einer neuen Meeting- und Zusammenarbeitskultur. In ihren Vorträgen und Workshops verbindet sie Moderations- und Technikkompetenz mit Leichtigkeit und Humor. Sie lebt mit ihrer Familie bei Frankfurt.

Kontakt aufnehmen zu Sonja:
sh@meetingschmiede.de
www.meetingschmiede.de

1 Über dieses Buch

1.1 Warum es dieses Buch gibt

Die Chance besteht nicht darin, das beste Team zu finden. Die Chance besteht darin, Teamarbeit so zu gestalten, dass das Beste möglich wird.

Es ist noch nicht lange her, da gehörten der Weg morgens ins Büro und der kleine Plausch zwischendurch an der Kaffeemaschine für die meisten von uns fest zu unserer Vorstellung von Arbeit und Zusammenarbeit. Mit dem unfreiwilligen Umzug ins Homeoffice kamen neue Freiheiten. Gleichzeitig fingen die meisten von uns an, früher Selbstverständliches, wie den kurzen Draht zum Team oder das gemeinsame Mittagessen zu vermissen. Einfach Zurück-zum-Alten wird es nicht mehr geben. Für alle Organisationen, die auch weiterhin Freiheiten lassen in der Wahl des Arbeitsortes, wird zukünftig sowohl im Büro als auch von zu Hause aus gearbeitet. Laut einer Gartner Studie sind das bis zu vierundneunzig Prozent der Organisationen: Die Zukunft der Zusammenarbeit ist hybrid.[1]

Definition hybride Teamarbeit

Hybride Teamarbeit steht für zeit- und ortsunabhängige Zusammenarbeit. Einige Aufgaben werden synchron (zur gleichen Zeit) erledigt, zum Beispiel in Meetings. Andere Aufgaben werden asynchron (zu unterschiedlichen Zeiten) in einem abgesprochenen Rahmen umgesetzt. Der physische Ort der Zusammenarbeit verliert an Bedeutung, da die Kommunikation so ausgerichtet ist, dass sie zeit- und ortsunabhängig zuverlässig funktioniert.

Unabhängig von Ort und Zeit zusammenzuarbeiten, bringt viele Veränderungen mit sich. Dieses praktische Buch soll dabei unterstützen, die damit verbundenen Chancen gezielter zu nutzen und den Herausforderungen souveräner zu begegnen.

Viele haben Zusammenarbeit noch nie bewusst gestaltet. Hybrides Arbeiten ist der ideale Anlass, Zusammenarbeit im Team neu zu erfinden.

Uns ist bewusst, dass Zusammenarbeit neu- oder umzugestalten für viele ungewohnt ist. Vertraut ist es eher, ein Produkt zu gestalten, eine neue Software einzuführen oder einen Arbeitsprozess zu optimieren.

Zusammenarbeit wird oft nur punktuell optimiert, wenn es gar nicht mehr anders geht. Sie findet in Teams einfach statt und ist das Produkt des Zufalls oder einfach die Summe aus Arbeitsweisen, die Teammitglieder aus anderen Teams mitbringen. Auch wenn sich Zusammenarbeit prinzipiell genauso optimieren lässt wie ein Produktionsprozess, gibt es mindestens drei grundlegende Unterschiede.

Produktionsprozesse sind sichtbar, Durchlaufzeiten messbar. Auch digitale Prozesse laufen nach einem klaren Schema ab, der Ablauf kann auf unterschiedlichen Detailstufen dargestellt und fast beliebig gemessen werden. Die Qualität menschlicher Zusammenarbeit wird hingegen nicht auf Anhieb sichtbar. Verbesserungen werden primär von den Beteiligten wahrgenommen, lassen sich aber nur bedingt messen.

Einem Produktionsprozess ist es egal, wie er abläuft. Geht es um Zusammenarbeit, hat hingegen jede:r Beteiligte eigene Präferenzen, Bedürfnisse und auch Ängste. Wie viele Informationen benötige ich wann? Wie viel Freiraum, wie viel Führung? Diesen zu begegnen und miteinander in Einklang zu bringen, ist anspruchsvoll.

Während Maschinen und Systeme melden, wenn etwas unvollständig oder fehlerhaft ist, können Menschen Unsicherheiten und Unklarheiten bis zu einem gewissen Grad aushalten. Das ist von großem Vorteil, neues Terrain könnten wir sonst nicht betreten. Es bringt aber auch Nachteile mit sich. Was unklar ist, wird interpretiert und so fängt jede:r an, seine/ihre ganz eigenen Arbeitsweisen zu entwickeln. Das kann Reibungsverluste mit sich bringen. Zum Beispiel immer dann, wenn andere mit dem Wissens- und Arbeitsstand nicht wie erwartet weiterarbeiten können.

Mit diesem Buch wollen wir dazu ermutigen, die digitale Transformation zu nutzen, um gezielt auch die Zusammenarbeit zu transformieren.

Als praktische Orientierungshilfe liefert dieses Buch ein Schritt für Schritt umsetzbares Modell, praxiserprobte Methoden, konkrete Werkzeuge, hilfreiche Praktiken und jede Menge Tipps und Tricks aus der erfolgreichen Praxis hybrider Teams.

Unsere Erkenntnisse für dieses Buch haben wir aus drei Perspektiven gesammelt:

- Wir sind externe Trainerinnen und Coaches hybrider Teams und ihrer Führungskräfte in großen wie auch kleinen Organisationen.
- Wir verfügen über langjährige Erfahrungen als Führungskraft und natürlich auch Teammitglied innerhalb von Konzernen.
- Wir sind Teil des Thinktanks »Hybrid und gut zusammenarbeiten«, in dem wir hybrides Arbeiten in vielfältiger Weise denken, konzipieren und mit Vorliebe an uns selbst ausprobieren.

Du bekommst in diesem Buch einen ehrlichen Blick auf das, was aus all diesen Perspektiven heraus gut und auch weniger gut funktioniert (hat). Eine der wichtigsten Erkenntnisse: Es gibt kein Richtig und kein Falsch. Es gibt nur ein Für-unser-Team-zum-jetzigen-Zeitpunkt-passend.

Das bewusste Gestalten der hybriden Teamarbeit wird es dir und deinem Team ermöglichen, die passenden Mittel und Wege zu finden, gemeinsam gute Ergebnisse zu erzielen, als Team noch mehr zusammenzuwachsen und Spaß am Miteinander zu haben.

Mit hybriden Teams lässt sich mehr erreichen, weil sie die Potenziale der digitalen Möglichkeiten aktiv nutzen und gleichzeitig den Status quo der Zusammenarbeit kritisch hinterfragen.

Als Autorinnen glauben wir fest daran, dass

- Menschen voller guter Ideen und Motivation sind, die sie im passenden Rahmen auch gerne teilen;
- Teamarbeit dem Ziel dient, als Team und Organisation voranzukommen;
- eine stimmige Balance aus Struktur und Gestaltungsfreiheit eine gute Basis für sinnvolle Ergebnisse bildet;
- richtig gute Ergebnisse in Meetings entstehen können, wenn sich alle angesprochen und einbezogen fühlen.

Dieses Buch ist dafür da, damit Menschen, Teams und Organisationen ihre Potenziale in einer hybriden Zusammenarbeit bestmöglich entfalten können.

1.2 An wen sich dieses Buch richtet

Dieses Buch richtet sich an alle, die ein Interesse daran haben, dass die hybride Zusammenarbeit nicht nur irgendwie funktioniert, sondern durch die neuen Rahmenbedingungen sogar besser wird. Jede:r gestaltet Teamarbeit. Mit jeder E-Mail, mit jedem Meeting, mit jedem Feedback.

Dieses Buch richtet sich bewusst nicht nur an klassische Führungskräfte. Wir sprechen dich an als Gestalter:in. Ganz gleich, ob du ein Projektteam verantwortest, als Führungskraft ein Team in der Linie leitest oder für ein Fachthema zuständig bist.

Du willst den dir zur Verfügung stehenden Einflussbereich nutzen, um die Chancen der Digitalisierung für dein Team zu nutzen und die Teamarbeit aktiv zu gestalten. Du wartest nicht darauf, dass andere tätig werden, sondern nutzt die alltägliche Zusammenarbeit, um in kleinen Schritten Großes zu bewirken. Dazu brauchst du primär zwei Voraussetzungen: den Willen etwas zu ändern und den Mut, es auch zu tun.

Konkret ist dieses Buch das richtige für dich, wenn du auf der Suche nach praktischen Lösungen für folgende Herausforderungen bist:

- Virtuelle und hybride Meetings produktiv gestalten und moderieren;
- digitale Werkzeuge so einsetzen, dass sie den Kommunikations- und Informationsfluss erleichtern;
- die Zusammenarbeit im Team zu mehr gegenseitigem Vertrauen und weniger einengender Kontrolle weiterentwickeln;
- eine Form der Zusammenarbeit entwickeln, in der sowohl die individuellen Bedürfnisse als auch die des ganzen Teams berücksichtigt werden;
- im Team eine neue Balance finden aus zuverlässigen, gemeinsamen Strukturen und individuellen Freiheiten;
- die neue Selbstorganisation als Mischung aus Präsenz- und Homeofficetätigkeit stimmig gestalten.

Was auch immer du von dem, was du in diesem Buch liest, in die Tat umsetzen wirst – du wirst nicht nur Applaus hören, sondern auch Gegenwind zu spüren bekommen. Damit dir das Gestalten der hybriden Teamarbeit gelingt, hast du zwei Schwellen zu überschreiten. Die erste Schwelle bist du selbst. Sie besteht aus deinen Zweifeln und deinen Unsicherheiten, die komplexe Herausforderungen natürlicherweise auslösen.

Die zweite Schwelle besteht aus den Zweifeln und den Unsicherheiten der anderen im Team und deiner Organisation. Für diese Herausforderungen gibt es das sechste Kapitel in diesem Buch. Die Kunst wird sein, nicht einfach deine Überzeugungen auf die anderen auszukippen, sondern ihnen dabei zu helfen, eigene Überzeugungen zu entwickeln.

In diesem Buch fokussieren wir uns darauf, wie ihr als Team wachsen und die vorhandenen Möglichkeiten Schritt für Schritt für euch nutzen könnt. Informationen zu Datenschutz, rechtlichen Rahmenbedingungen,

Kosten der technischen Werkzeuge und der innenarchitektonischen Ausstattung von Büros findet ihr in diesem Buch hingegen nicht.

Bessere Zusammenarbeit zu gestalten ist ein Prozess, ein Weg, den es in jedem Fall lohnt zu gehen. Eine Reise. Dieses Buch ist dein Reisebegleiter.

1.3 Das Buch besteht aus fünf Teilen

Im ersten Teil (Kapitel 2) lernst du das »Hybride Team-Modell« kennen, mit dem du eine nachhaltige Grundlage für eure hybride Teamarbeit schaffen kannst.

Das Herz des Modells bildet die »Hybride Team-Zentrale« mit ihren sechs Modulen, die wir dir im zweiten Teil des Buches (Kapitel 3) näherbringen. Jedes einzelne Modul zeigt auf, was konkret zu gestalten ist, damit hybride Teamarbeit gelingt.

Was ihr im Teamalltag jeweils machen könnt, um eure Zusammenarbeit Schritt für Schritt auf das nächste Level zu bringen, verdeutlichen die sechs Praktiken der »Hybriden Team-Formel« im dritten Teil des Buches (Kapitel 4).

Auch im hybriden Teamalltag spielen Meetings weiterhin eine zentrale Rolle. Wie es gelingen kann, weniger, aber dafür bessere Meetings zu haben, das zeigt dir der vierte Teil des Buches (Kapitel 5).

Im fünften und letzten Teil des Buches (Kapitel 6) dreht sich alles um den Veränderungsprozess, den ihr als Team bei der Weiterentwicklung eurer Zusammenarbeit durchlauft. Er bietet Gestaltungsansätze, mit denen du den Change Prozess zusammen mit Deinem Team gut meistern kannst.

Du kannst das Buch von vorne nach hinten durchlesen, oder dir direkt einzelne Kapitel herauspicken. Im letzteren Fall empfehlen wir dir, mit dem hybriden Team-Modell (Kapitel 2) als Basislektüre zu beginnen.

Damit jedes Kapitel in sich verständlich ist, kann es sein, dass sich wichtige Aspekte wiederholen.

Veränderung kommt nur durchs Machen

Lesen ist gut. Umsetzen ist besser. Das Umgesetzte anschließend reflektieren und daraus lernen ist am besten. Echten Nutzen entfaltet dieses Buch, wenn du dir ein Kapitel vornimmst, es liest und anschließend davon etwas ausprobierst. Je konkreter du die Inhalte auf dein Team überträgst, desto höher die Chancen, dass sie auch wirksam werden. Nichts, von dem du lesen wirst, ist Raketenwissenschaft. Aber wenn ihr es konsequent anwendet, kann sie eure Teamarbeit wie eine Rakete beschleunigen. Wir möchten mit diesem Buch dein Bewusstsein für all die kleinen und großen Gestaltungshebel schärfen.

Nur was bewusst ist, kann verändert werden.

Die Kunst liegt darin, sie konsequent anzuwenden. Zum Beispiel im Meeting am nächsten Donnerstag das digitale Protokoll in den letzten fünf Minuten gemeinsam auf dem zentralen Taskboard erstellen.

Gemeinsam mehr erreichen

Veränderungen gestalten geht viel besser, wenn du es nicht allein tust. Suche dir Mitstreiter:innen. Gibt es in deinem Team Menschen, die ebenfalls Interesse daran haben, die Zusammenarbeit umzugestalten? Schenk ihnen ein Exemplar des Buches und verabredet euch, zum Beispiel immer mittwochs um 14 Uhr für dreißig Minuten über ein bestimmtes Kapitel zu sprechen. Das führt nicht nur dazu, dass ihr euch genug Zeit nehmt, euch mit den Tipps des Buches auseinanderzusetzen, sondern dass ihr auch ein gemeinsames Verständnis entwickelt und direkt Lösungen entwerft, die mehrere Perspektiven beinhalten.

Wir wünschen dir viel Freude bei der Lektüre und jede Menge hilfreiche Erkenntnisse. Wir würden uns sehr freuen, wenn du uns an deinen Erfahrungen teilhaben lässt.

Besuche uns auf »hybrid-zusammenarbeiten.de« oder schreib uns einfach an »erfahrungen@hybrid-zusammenarbeiten.de«.

1.4 Downloadangebot zum Buch

Dieses Buch liefert dir vielfältige Anregungen, um die hybride Teamarbeit zu gestalten. Damit du mit deinem Team erfolgreich ins Machen kommst, stellen wir dir diverse Arbeitsvorlagen zum Download zur Verfügung.

Zum Zeitpunkt des Erscheinen des Buches sind das die folgenden:

1. Template »Hybrides Team-Modell« zur Bestandsaufnahme und kontinuierlichen Visualisierung des Gestaltungsprozesses (siehe Kapitel 2.2, Seite 25 ff.),
2. Tutorial über die grundlegenden Funktionalitäten eines Whiteboards (siehe Seite 46 f.),
3. Meeting-Taschenmesser zur Strukturierung von Meetings (siehe Seite 65 ff.),
4. Template für die »5-Finger-Methode« zur einfachen Meetingvorbereitung (siehe Seite 73 ff.),
5. Zwanzig gute Fragen für »Check-in« und »Check-out« (siehe Seite 82 ff.),
6. Schritt-für-Schritt-Anleitung für den Elefantendialog (siehe Seite 124 ff.),
7. Checklisten zur Vorbereitung von Meetings (siehe Seite 192 ff.),
8. Tipps für weiterführende Lektüre,
9. Linktipps für hilfreiche Online-Tools.

www.businessvillage.de/dl-1148.html

Zusätzlich laden wir dich ein, uns auf »hybrid-zusammenarbeiten.de« zu besuchen. Dort findest du weitere spannende Informationen, die dir deine Gestaltungsreise erleichtern.

2 Das hybride Team-Modell: Zusammenarbeit bewusst und gut gestalten

2.1 Hybride Teamarbeit: Bedeutung und Potenziale

Technisch gab es schon lange die Möglichkeit, unabhängig vom Büro zusammenzuarbeiten. Und doch blieb es bis zur Corona-Pandemie eher die Ausnahme als die Regel. Zusammenarbeit war eher ein Zufallsprodukt als das Ergebnis eines bewussten Gestaltungsprozesses.

Bedingt durch die Erfahrung, die viele Mitarbeitende seitdem gemacht haben, kehren laut einer Studie zur Arbeitswelt nach Corona[2] nur dreißig bis vierzig Prozent der Mitarbeitenden zur klassischen Büroarbeit in Präsenz zurück.

Die Fähigkeit, digitale Arbeitsmittel und Strukturen für die Zusammenarbeit auf Distanz bereitzustellen und die passende Kultur zu etablieren, wird wesentlichen Einfluss auf den zukünftigen Erfolg von Organisationen haben. Es ist eine bewusste Entscheidung, Zusammenarbeit zu gestalten.

Hybrid zusammenarbeiten: Produktiv sein von überall

Laut Duden ist ein Hybrid ein Gebilde aus zwei oder mehreren Komponenten. Bei der hybriden Teamarbeit werden die Komponenten Ort und Zeit neu verknüpft. Zusammenarbeit findet nicht mehr wie früher hauptsächlich zur gleichen Zeit am gleichen Ort statt. Das Büro ist zukünftig nur einer von vielen möglichen Arbeitsorten.

Der Dimension Zeit kommt eine neue Rolle zu. Arbeit ist nicht mehr zwingend an das klassische Zeitfenster »neun bis fünf« geknüpft. Viele Aufgaben lassen sich auch gut zu anderen Zeiten erledigen. Es gilt, zwischen Aufgaben zu unterscheiden, die zeitgleich im Meeting (wir sprechen ab jetzt von »synchron«) zu erledigen sind und solchen Aufgaben, die mindestens genauso gut zeitversetzt (wir sprechen ab jetzt von »asynchron«) bearbeitet werden können.

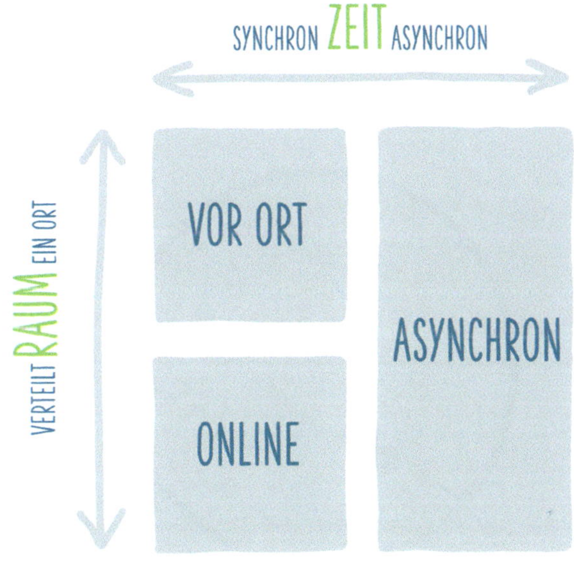

Die drei hybriden Zusammenarbeitsräume

Es gibt Themen, Situationen und Fragestellungen, für die es am besten ist, miteinander zu sprechen. Live. Synchron. An einem Ort. Je komplexer und/oder emotionaler ein Thema ist, desto wichtiger ist es, möglichst persönlich darüber zu reden.

Gleichzeitig haben wir gelernt: Einige Themen und Aufgaben funktionieren zeitunabhängig mindestens genauso gut, wenn nicht sogar noch besser. Konzepte werden besser, wenn sie in Ruhe durchdacht werden können. Kalkulationen profitieren, wenn der Erstellende nicht alle fünf Minuten im Arbeitsfluss unterbrochen wird. Und Koordinationsaufgaben gehen oft viel schneller, wenn wir nicht versuchen, sie mit fünfzehn Mitmenschen in einem Meeting zu regeln, sondern einfach ein dafür passendes Template bereitstellen.

Wenn ihr es als Team schafft, den Autopiloten »Wir brauchen ein Meeting« zu verlassen und bewusst zu entscheiden, welche Aufgaben asynchron besser erledigt werden können, seid ihr auf einem guten Weg zu einer effektiveren Art des Zusammenarbeitens.

Zeit und Ort lassen sich ganz unterschiedlich kombinieren – durch jede einzelne Kombination entstehen Chancen und Herausforderungen. Die unterschiedlichen Kombinationen bezeichnen wir im Folgenden als die drei Zusammenarbeitsräume: vor Ort, online und asynchron.

Ein hybrides Team strebt danach, Aufgaben bewusst in solchen Zeit-Ort-Kombinationen zu erledigen, die sowohl hohe Qualität als auch ein gewisses Maß an Flexibilität ermöglichen.

Definition hybrides Team
Ein hybrides Team ist technisch, organisatorisch und kulturell so aufgestellt, dass es zeit- und ortsunabhängig zusammenarbeiten kann.

Hybride Meetings sind nur ein kleiner Teil hybrider (Zusammen-)Arbeit

Unserer Erfahrung nach assoziieren viele Menschen mit hybrider Arbeit direkt hybride Meetings. Wenn wir von hybrider Zusammenarbeit sprechen, meinen wir die verschiedenen Möglichkeiten, die sich aus der Kombination von Zeit und Raum ergeben. Ein hybrides Meeting ist nur eine von vielen Möglichkeiten.

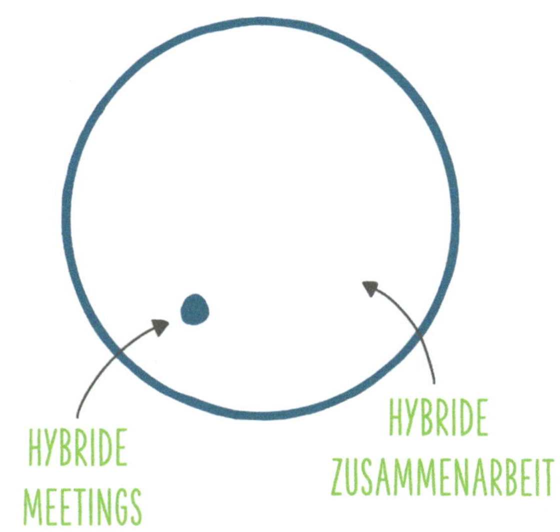

Hybride Meetings als kleiner Teil von hybrider Zusammenarbeit

Die neuen Rahmenbedingungen optimal nutzen

Die veränderten Rahmenbedingungen führen in vielen Fällen zum hybriden Arbeitsparadoxon, wie Microsoft CEO Satya Nadella[3] schreibt: »Die überwiegende Mehrheit der Mitarbeiter sagt, dass sie flexiblere Remote-Arbeitsoptionen wünschen, aber gleichzeitig auch, dass sie nach der Pandemie mehr persönliche Zusammenarbeit wünschen. Das ist das hybride Arbeitsparadoxon.«

Es gilt, für die eigene Organisation und das eigene Team herauszufinden, wie sich diese veränderten Rahmenbedingungen und dadurch resultierenden Möglichkeiten nutzen lassen. Dabei sind individuelle Perspektiven genauso zu berücksichtigen wie die kollektive Team- und Organisationssicht. Nur wenn beides betrachtet wird, stehen die Chancen gut, dass die Zusammenarbeit auch im hybriden Raum erfolgreich wird. Und ihr hinterher sagt »Wir haben die Möglichkeiten und die Flexibilität genutzt, um noch produktiver und zufriedener zusammenzuarbeiten!«

Die Flexibilität bezieht sich zum einen auf die Erfüllung der persönlichen Bedürfnisse. Manche sind abends besonders produktiv und anderen kommt die zündende Idee beim Joggen. Denken lässt sich nicht begrenzen – und oftmals geht es mit mehr Freiraum besser. Durch hybrides Arbeiten kann dieser Freiraum entstehen.

Gleichzeitig können auch Teambedürfnisse viel flexibler erfüllt werden. Waren früher oft Abstimmungen nur mit langwierigen Terminfindungen möglich, kann asynchron vieles innerhalb kürzester Zeit erledigt werden.

Individuelle Bedürfnisse und Teambedürfnisse in Einklang zu bringen, ist eine der Kernherausforderungen hybrider Zusammenarbeit. Ein guter Rahmen ist essenziell dafür, um auf Dauer mit Freude, aber auch mit Blick auf die eigenen Ressourcen gute Ergebnisse erzielen zu können. Die große Aufgabe von hybriden Teams besteht darin, diesen Rahmen zu schaffen und die damit einhergehende Flexibilität zu erhalten, ohne sich auf Dauer zu überfordern.

Einzel- und Teaminteressen sind im hybriden Team zu vereinbaren

Unsere Erfahrung bei der Begleitung hybrider Teams zeigt: schlecht aufgestellte und abgestimmte Teams können durch hohen persönlichen Einsatz auch hybrid passable Ergebnisse erzielen. Das mag für einen Übergangszeitraum okay sein, als dauerhafter Rahmen ist es jedoch weder den Ergebnissen noch der psychischen Gesundheit der Teammitglieder zuträglich.

Die Qual der Wahl

Jeder Zusammenarbeitsraum hat seine Vor- und Nachteile. Erst durch die Kombination aller Räume (vor Ort, online und asynchron) ergibt sich eine Flexibilität, die noch vor einiger Zeit undenkbar gewesen wäre. Gleichzeitig gehen mit diesen Möglichkeiten viele Fragen und notwendige Entscheidungen einher. Warum und wann sollen wir noch ins Büro kommen? Wie kommunizieren wir am effizientesten? Wie stellen wir sicher, dass wir uns immer noch als Team fühlen?

Um diese Fragen zu beantworten und im hybriden Alltag gut zusammenarbeiten zu können, braucht es ein neues Bewusstsein und neue Fähigkeiten.

Damit hybride Zusammenarbeit gelingt, braucht es neben erweiterten technischen Fähigkeiten vor allem mehr Reflexions- und Moderationskompetenz.

Wenn es ein Team schafft, diese zu entwickeln und dadurch gute Antworten auf die vielen Fragen zu finden, wird es die Potenziale der hybriden Teamarbeit nutzen können.

Im nächsten Kapitel stellen wir dir das hybride Team-Modell vor, das es dir und deinem Team ermöglicht, Schritt für Schritt die Gestaltungsmöglichkeiten der hybriden Zusammenarbeit auszuschöpfen.

2.2 Hybrides Team-Modell: Orientierung im Dschungel der Möglichkeiten

Hybride Teamarbeit zu gestalten, kann leicht überfordern. Was überhaupt gestalten? In welcher Reihenfolge? Was bleibt gleich – was muss sich verändern?

Orientierung im Dschungel der Möglichkeiten liefert unser hybrides Team-Modell. Es ist die Essenz der praktischen Erkenntnisse, die wir in der intensiven Arbeit mit und in hybriden Teams sammeln durften.

Das Modell besteht aus drei Elementen: Aus …
… der **hybriden Team-Zentrale:** Sechs zu gestaltende Module als Basis für produktive und motivierte Zusammenarbeit auf Distanz.

… der **hybriden Team-Formel:** Sechs Praktiken, die aufzeigen, was konkret zu machen ist, damit hybride Teamarbeit gelingt.

... den **hybriden Team-Räumen:** Drei Räume – vor Ort, online, asynchron – die es gezielt zu gestalten und zu nutzen gilt, um im Team gute Ergebnisse zu erzielen und den Teamgeist zu stärken.

In diesem Kapitel stellen wir dir die einzelnen Elemente kurz vor, damit du eine Verständnisbasis für die Lektüre des Buches hast, falls du nicht von vorne nach hinten lesen, sondern gezielt zu einzelnen Themen springen willst. In den folgenden Kapiteln gehen wir dann näher auf jedes einzelne Element des Modells und die Module der Team-Zentrale ein.

Die hybride Team-Zentrale

Früher war das Büro die Zentrale, die Zusammenarbeit war darauf ausgerichtet. Mit Schreibtischen, Aktenordnern und einer Kantine. Auch hybride Zusammenarbeit braucht eine Zentrale. Einen Ort, an dem die Fäden zusammenlaufen, für die es früher das Büro brauchte: die hybride Team-Zentrale.

Die hybride Team-Zentrale besteht aus sechs Gestaltungsmodulen. Um sie zu definieren, haben wir uns intensiv damit beschäftigt, wovon es abhängt, ob hybride Zusammenarbeit gelingt oder eben auch nicht:

Ein gemeinsames **Warum**, ohne das einem Team auf Distanz die gemeinsame Ausrichtung fehlt (Modul 1).

Technische **Werkzeuge**, ohne die sich auf Distanz nicht kommunizieren lässt (Modul 2).

Vereinbarte **Strukturen**, ohne die Orientierung fehlt und es zu Reibungsverlusten kommt (Modul 3).

Einfache, gezielt eingesetzte **Methoden**, ohne die Meetings oft ergebnislos bleiben, Entscheidungen gar nicht oder zu spät getroffen werden und Feedback zu selten gegeben wird (Modul 4).

Kleine gemeinsame **Rituale**, ohne die die Zusammenarbeit unpersönlich bleibt (Modul 5).

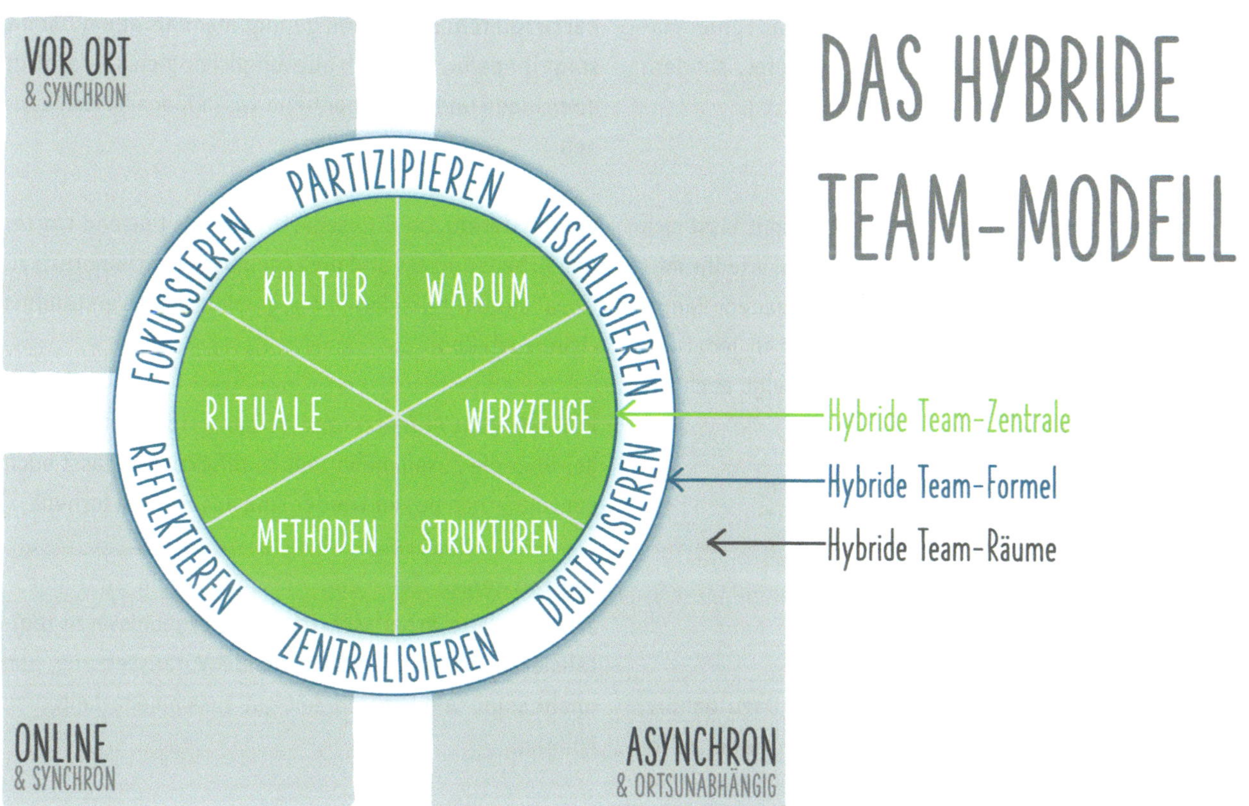
DAS HYBRIDE TEAM-MODELL
VOR ORT
& SYNCHRON
ONLINE
& SYNCHRON
ASYNCHRON
& ORTSUNABHÄNGIG
PARTIZIPIEREN
VISUALISIEREN
DIGITALISIEREN
ZENTRALISIEREN
REFLEKTIEREN
FOKUSSIEREN
KULTUR
WARUM
WERKZEUGE
STRUKTUREN
METHODEN
RITUALE
Hybride Team-Zentrale
Hybride Team-Formel
Hybride Team-Räume

Eine täglich bewusst gelebte **Kultur**, die das Fehler machen und voneinander lernen nicht verbietet, sondern explizit erlaubt und fördert (Modul 6).

Die hybride Team-Formel

Zusammenarbeit findet jeden Tag statt. Somit lässt sich auch jeder Tag nutzen, um sie zu gestalten. Wie ihr mittelfristig einen hilfreichen Rahmen aufbauen könnt, zeigen die sechs Module. Was ihr konkret in jeder Zusammenarbeitssituation tun könnt, das zeigt euch die hybride Team-Formel.

Fokussieren + Partizipieren + Visualisieren + Digitalisieren + Zentralisieren + Reflektieren = wirksame hybride Teamarbeit

Sie besteht aus den folgenden Praktiken:
Fokussieren: Das Ziel im Auge behalten. Dazu gehört, die gemeinsame Energie und Arbeit immer wieder zu fokussieren.

Partizipieren: Zusammen gelingt mehr als allein. Damit sorgt ihr dafür, dass sich alle möglichst gleichberechtigt einbringen und auf Augenhöhe zusammenarbeiten können.

Visualisieren: Ein Bild schafft mehr als tausend Worte. Den Arbeitsprozess und die Ergebnisse kontinuierlich zu visualisieren, hilft dabei, ein gemeinsames Verständnis sicherzustellen.

Reflektieren: Anhalten und besser werden. Immer wieder über die Zusammenarbeit zu reflektieren, lässt euch kontinuierlich besser werden und aus Fehlern lernen.

Digitalisieren: Zeit- und ortsunabhängig zusammenarbeiten. Alle Arbeitsschritte und -ergebnisse zu digitalisieren, ist eine entscheidende Voraussetzung, um unabhängig von Ort und Zeit gut zusammenarbeiten zu können.

Zentralisieren: Gemeinsam auf alles zugreifen. Redundanz und Doppelarbeiten werden vermieden, wenn alle auf zentral abgelegte Inhalte gleichermaßen zugreifen können.

Die hybriden Team-Räume

Hybride Teamarbeit findet in folgenden drei Räumen statt:

Vor Ort und synchron: In diesem Raum findet Teamarbeit zur gleichen Zeit am gleichen Ort statt, klassischerweise im Büro vor Ort in Form eines Meetings.

Online und synchron: Hier wird zur gleichen Zeit an verteilten Orten zusammengearbeitet, die Orte können dabei zum Beispiel das Büro, das Homeoffice (von zu Hause) oder das Remote-Office (von unterwegs) sein. Übliche Arbeitsformate sind das Online-Meeting und das Hybrid-Meeting.

Asynchron: Bei der zeitversetzten Teamarbeit steht eine gemeinsame Aufgabe im Vordergrund, wann und wo sie erledigt wird, ist nachrangig, solange ein abgestimmter zeitlicher und inhaltlicher Rahmen eingehalten wird, der es wiederum zulässt, diese Form der Teamarbeit asynchrones Meeting zu nennen.

Hybride Teamarbeit hat so viele Potenziale, weil durch die unterschiedliche Kombination von Zeit und Ort neue Zusammenarbeitsräume entstehen.

Um dir und deinem Team zu ermöglichen, das Team-Modell und seine Elemente Schritt für Schritt zur Ausgestaltung eurer hybriden Teamarbeit zu nutzen, liefern wir dir in den folgenden Kapiteln mehr inhaltliche Details, Beispiele aus der Praxis und zahlreiche Tipps für die Praxis.

Downloadtipp:
Im Downloadbereich dieses Buches findest du ein Template zur Bestandsaufnahme und kontinuierlichen Visualisierung des Gestaltungsprozesses mithilfe des hybriden Team-Modells.

3 Die hybride Team-Zentrale: Sechs Module für produktive und motivierte Zusammenarbeit

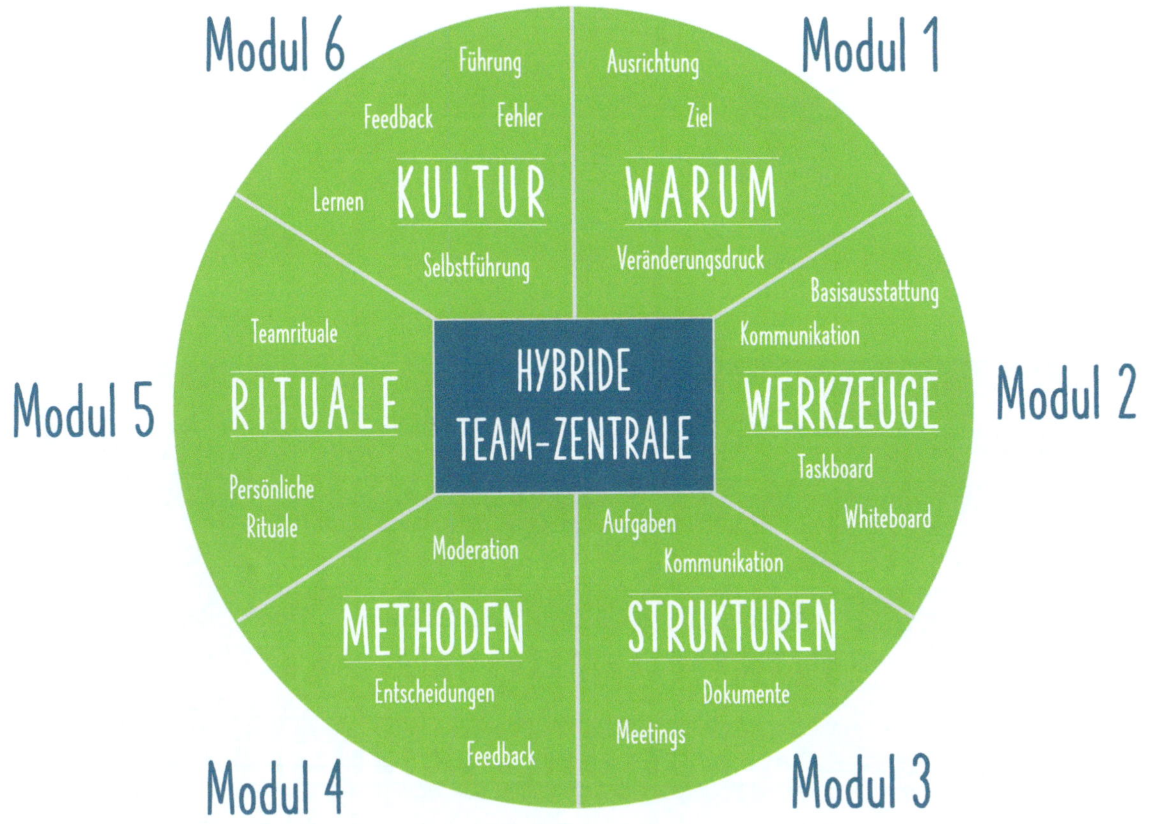
Modul 6
Modul 1
Führung
Ausrichtung
Feedback
Fehler
Ziel
Lernen
KULTUR
WARUM
Selbstführung
Veränderungsdruck
Basisausstattung
Teamrituale
Kommunikation
HYBRIDE TEAM-ZENTRALE
Modul 5
RITUALE
WERKZEUGE
Modul 2
Taskboard
Persönliche Rituale
Whiteboard
Aufgaben
Moderation
Kommunikation
METHODEN
STRUKTUREN
Entscheidungen
Dokumente
Meetings
Feedback
Modul 4
Modul 3

Es gibt viel zu tun, um hybride Zusammenarbeit auf stabile Füße zu stellen. Im folgenden Kapitel führen wir dich in die sechs Module ein, die in Summe eure neue hybride Team-Zentrale ergeben. Gelingt es dir und deinem Team, aus jedem Modul mindestens einen der beschriebenen Bestandteile in euren Teamalltag zu integrieren, werdet ihr in der Lage sein, zunehmend unabhängig von Zeit und Ort zusammenarbeiten zu können. Das Büro wird dann nur noch einer von vielen praktikablen Räumen eurer Teamarbeit sein.

Schrittweise gestalten mithilfe der hybriden Team-Zentrale

Um Schritt für Schritt die hybride Teamarbeit zu gestalten, empfehlen wir dir folgendermaßen vorzugehen:

1. Starte in jedem Fall mit Modul 1 und kläre gemeinsam mit deinem Team das Warum für die Umgestaltung.
2. Suche dir idealerweise Mitstreiter:innen und bilde ein Projektteam, das sich darum kümmert, mithilfe des hybriden Team-Modells Gestaltungslösungen für das zuvor erarbeitete Warum zu identifizieren.
3. Beschäftigt euch dann theoretisch mit den Modulen 2 bis 6, um zu verstehen, was sie euch bringen und was sie konkret beinhalten.
4. Erfasst in einer Bestandsaufnahme, welche empfohlenen Bestandteile der einzelnen Module ihr heute schon in eurer Zusammenarbeit nutzt beziehungsweise lebt.
5. Stellt das Ergebnis dem Rest des Teams vor und entscheidet gemeinsam, welche noch fehlenden Bestandteile welches Moduls ihr in eure Zusammenarbeit integrieren wollt (siehe »Entscheidungsmethoden: Klar abgestimmt vorankommen« ab Seite 106).
6. Wählt einen der Bestandteile aus, den ihr in einer ersten Lernschleife in einem definierten Zeitfenster, zum Beispiel vier Wochen, ausprobieren wollt (siehe »Lernkultur: Neues in den Alltag integrieren« ab Seite 155).

7. Zieht nach der ersten Lernschleife mithilfe einer Retrospektive (siehe »Feedbackmethoden: Kontinuierlich dazulernen«, Seite 116 ff.) ein erstes Fazit und entscheidet euch für weitere Bestandteile und weitere Lernschleifen.
8. Visualisiert den Fortschritt des Prozesses für alle sichtbar, nutzt dafür zum Beispiel unsere Templates zum Download.

Downloadtipp

Im Downloadbereich dieses Buches findest du die hybride Team-Zentrale als Arbeits-Template.

3.1 Modul 1: Warum – Ein klarer Startpunkt für eine gemeinsame Ausrichtung

Computer brauchen von Zeit zu Zeit ein Update des Betriebssystems, um rundzulaufen. Damit einher gehen neue Funktionen und Möglichkeiten, die es zu entdecken und anschließend zu nutzen gilt. Nach einem Update müssen alte Arbeitsweisen verlernt und neue erlernt werden.

Mit hybrider Zusammenarbeit ist es ähnlich: Die bewusste Gestaltung und Weiterentwicklung sind wie ein neues Betriebssystem. Mit dem Unterschied, dass es nicht einfach aufgespielt werden kann, sondern dass es gemeinsam als Team Schritt für Schritt zu entwickeln ist. Gerade wenn es darum geht, Verhaltensmuster zu verändern, kann dies einen langen Atem erfordern.

Dabei ein klares Ziel vor Augen zu haben, bringt eine gemeinsame Ausrichtung und hilft, in anstrengenden Phasen durchzuhalten.

In unseren Workshops und Seminaren stellen wir zu Beginn zwei Fragen:

- Was macht für dich gute Zusammenarbeit aus?
- Was nervt dich an schlechter Zusammenarbeit?

Die Wortwolken in der Abbildung auf der nächsten Seite sind ein Auszug aus dem, was Teilnehmende antworten.

Wenn du deinem Team diese Fragen stellst, wird euch schnell klar, was es zu stärken gibt in der Zusammenarbeit und was zu verbessern.

Bei der Umgestaltung der Zusammenarbeit wird es darum gehen,

- Gutes zu stärken
- und Energieraubendens sukzessive zu reduzieren.

Besonders wirksam wird ein Ziel, wenn ihr es als Team nicht nur benennt, sondern es auch gemeinsam visualisiert. Mehr dazu erfährst du im Kapitel »Ein gemeinsames Zielbild bringt Fokus«, Seite 238 ff.

Die bewusste Gestaltung hybrider Zusammenarbeit ist für ein Team wie ein längst überfälliges Update des Betriebssystems. Mit dem kleinen Unterschied, dass es nicht automatisch durchläuft.

Damit das Update erfolgreich ist und nicht mittendrin abbricht, ist die Zielklärung immer der Startpunkt. Sowohl bei großen als auch bei kleinen Optimierungen dient das gemeinsame Ziel als Kompass. Dieses Buch ist voller Lösungsvorschläge. Sie alle dienen jedoch nur als Mittel zum Zweck. Ist dieser Zweck nicht klar, oder passt schlimmstenfalls gar nicht zum Mittel, dann ist das Mittel an sich nichts wert. Und erzeugt statt Motivation nur Unmut und Frustration.

ich bin ok, du bist ok
Kommunikation/Absprachen
Verantwortungsbewusstsein Kritikfähigkeit
Respekt kontinuierlicher Austausch Probleme/Herausforderungen
untereinander informieren gemeinsame Ziele Transparenz Feedback
lachen zuhören Kommunikation auf Augenhöhe treffen
gute Kommunikation klare Informationen
Informationsfluss Vertrauen Engagement Gemeinsamkeit
proaktiv soziale Faktoren
Absprache Wertschätzung Zuverlässigkeit gute Arbeit lernen
smarte Ziele gesunde Feedbackkultur Selbstreflexion
Verlass aufeinander regelmäßiger Austausch gezielte Kommunikation
Dinge sollen laufen Offenheit klare Aufgabenverteilung Erwartungen & Ziele
worum geht es Rahmenbedingungen
klare Aufgabenteilung

Was macht für dich gute Zusammenarbeit aus?

Was nervt dich an schlechter Zusammenarbeit?

Kontrolle der Arbeit notwendig
Verständnis für den Anderen
fehlender Infofluss Trägheit Langsamkeit
Reaktion auf Kritik unnütze Diskussionen schlechte Zulieferung
Abhängigkeit schlechte Arbeit keine Antwort auf Fragen
Unzuverlässigkeit
Infos zu spät fehlende Infos Warten keine Reflexion
aufwendige Abstimmung
Warten auf Antworten langsame Arbeit Suchen von Infos
Missverständnisse fehlende Kompetenz
Erwartungshaltung Unerreichbarkeit von MA

Mit der Beantwortung der Frage »Wie zahlt der jeweilige Lösungsvorschlag auf unser Ziel ein?«, lässt sich klarer sehen, welche Schritte und Gestaltungsoptionen Vorrang haben sollten. Die notwendigen Entscheidungen, zum Beispiel ob und wie viel Zeit und Geld in welches neue Werkzeug und in das Trainieren welcher neuen Methoden investiert werden sollen, lassen sich mit einem klaren Ziel leichter treffen. Erst das Ziel, dann der Weg.

Mehr Ideen und Beispiele zur Entwicklung eines motivierenden Zielbildes findest du in Kapitel 6.2.

3.2 Modul 2: Werkzeuge – Basis für gute Kommunikation und produktiven Austausch

Als hybrides Team lohnt es, sich gemeinsam auf eine Basis von Werkzeugen (synonym zu verstehen zu IT-Systemen, Anwendungen, Tools oder Programmen) zu einigen.

Folgende hilfreiche Werkzeuge für hybride Teams stellen wir euch im Folgenden vor:

- Die technische Basisausstattung: Einander gut sehen und hören.
- Die Kommunikationskanäle: Schnell und effektiv austauschen.
- Das Taskboard: Transparenz schaffen über Aufgaben.
- Das digitale Whiteboard: Kreativ zusammenarbeiten.

Technik ist nicht alles,
aber ohne sie geht hybrid nicht viel.

Die Kunst besteht darin, die richtigen Werkzeuge auszuwählen und entsprechend einzusetzen. Unpassend eingesetzte Werkzeuge behindern Zusammenarbeit, statt sie zu fördern.

Die technische Basisausstattung: Einander gut sehen und hören

Jede:r aus dem Team braucht die technische Möglichkeit, zeit- und ortsunabhängig mitzuarbeiten. Ohne Compu-

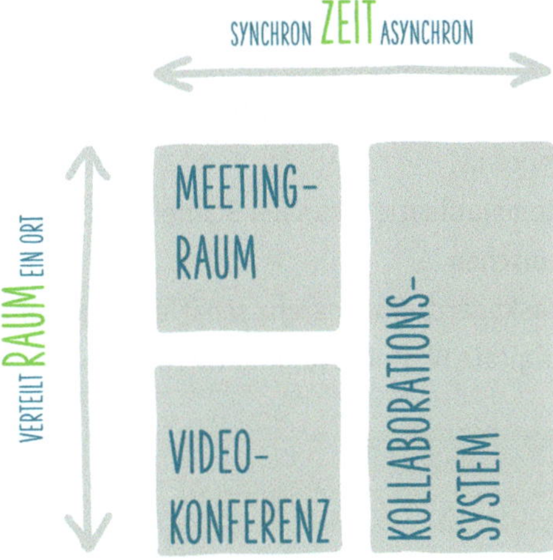

Basisausstattung der hybriden Team-Räume

ter mit Kamera und Mikrofon wird es außerhalb eines Vor-Ort-Meetings schwierig. Während für synchrone Zusammenarbeit vor Ort ein physischer Raum benötigt wird, erfordert die synchrone Online-Zusammenarbeit ein Videokonferenzsystem. Videokonferenzsysteme sind beispielsweise Zoom, Microsoft Teams, WebEx oder BigBlueButton. Sie bilden den virtuellen Meetingraum – mit dem unschlagbaren Vorteil, dass weder Räume noch Plätze knapp werden.

Idealerweise verfügt das Videokonferenzsystem mindestens über folgende Funktionen:

- Chat,
- Teilen von Inhalten inklusive Sound,
- Breakout-Räume,
- Handhebefunktion,
- Whiteboard.

Kollaborationssysteme als Herzstück

Kollaborationssysteme bilden das Herzstück der hybriden Team-Zentrale – den Ort, an dem digital alle Fäden zusammenlaufen.

Nach Leimeister[4] ist Kollaboration die Arbeit von zwei oder mehr Individuen an einem gemeinsamen Gruppenziel. Zur Erreichung dieses Gruppenzieles sind Kommunikation, Koordination und Kooperation der beteiligten Akteure notwendig.

Ein Kollaborationssystem ermöglicht genau das – Kommunikation, Koordination und Kooperation. Dazu bietet es idealerweise folgende Möglichkeiten:

- Dokumente ablegen (zum Beispiel mit Dropbox oder GDrive),
- Aufgaben und ihren Status darstellen (zum Beispiel mit Meistertask oder Trello),
- Kanäle für themenbezogenen Austausch und Small Talk (zum Beispiel Slack oder Teams Chat).

Dabei kann ein Kollaborationssystem eine große Suite sein, die alle Funktionen mitbringt wie beispielsweise Microsoft Teams oder die G-Suite. Gleichzeitig können die Funktionen auch über verschiedene externe Systeme realisiert werden wie beispielsweise Zoom, Slack und Trello.

Wir beobachten immer wieder, dass Firmen große Kollaborationssuiten oder auch einzelne Bestandteile davon technisch einführen und die Implementierung dann als abgeschlossen betrachten. Die technische Einführung ist allerdings nur der erste Schritt. Damit aber das Potenzial eines Werkzeuges auch genutzt und das Ziel, besser zusammenzuarbeiten, erreicht werden kann, braucht es mehr. Viel mehr. Vor allem brauchen Menschen die Gelegenheit, die neuen Möglichkeiten kennenzulernen und gemeinsam im Team eine Idee zu entwickeln, wie sie genutzt werden können. Sie brauchen Orientierung, Informationen, Raum zum Ausprobieren. All das kostet Zeit und Energie. Wenn das nicht bereitgestellt wird, münden Neueinführungen häufig in Überforderung und Frustration statt Aufbruchstimmung und besserer Zusammenarbeit.

Das wahre Potenzial für bessere Zusammenarbeit liegt im »Wie« der Zusammenarbeit, nicht im »Womit«.

Raumausstattung für Hybrid-Meetings

Neben dieser grundlegenden Ausstattung, die jedem Teammitglied zur Verfügung stehen sollte, ist es hilfreich, wenn die Räume vor Ort so ausgestattet sind, dass in ihnen vernetzt gearbeitet werden kann. Vernetzt arbeiten bedeutet, dass es für alle Arten von Tätigkeiten geeignete Räume gibt: Fokussierte Stillarbeit, zufälliger Austausch, gemeinsame Ideenfindung, Kreativarbeit genauso wie Regeneration.

An Meetingräume stellen sich besondere Anforderungen, wenn diese für Hybrid-Meetings genutzt werden sollen. Mindestens eine Raumkamera, ein Raummikro und ein Beamer oder ein großer Bildschirm sind notwendig, damit sich sowohl die Teilnehmenden vor Ort als auch die Remote-Teilnehmenden gut sehen und hören können. Die Sichtbarkeit wird durch einen zweiten Beamer oder Bildschirm erhöht, da dann die Remote-Teilnehmenden und die Inhalte parallel angezeigt werden können.

Die Kommunikationskanäle: Schnell und effektiv austauschen

Zuverlässige Kommunikation ist nicht nur in der hybriden Teamarbeit das A und O. Ein wichtiger Aspekt ist hier der schnelle, unkomplizierte Austausch.

Im Büro können wir uns schnell über den Schreibtisch etwas zurufen, ein Telefonat mitanhören oder uns zufällig im Flur über den Weg laufen und kurz etwas klären. All das unterstützt einen guten Informationsfluss, ohne dass es uns extra Aufwand kostet.

In der Zusammenarbeit auf Distanz gibt es beiläufige Kommunikation nur, wenn jemand bewusst die Gelegenheit dafür schafft.

Auf Distanz braucht es alternative Lösungen für die zufällige und schnelle Kommunikation im Büro. Diese digitalen Alternativen bezeichnen wir als Kommunikationskanäle. Bei der Auswahl dieser Kanäle ist es hilfreich, zwischen Kanälen für synchrone und asynchrone Kommunikation zu unterscheiden.

Die Klassiker: Telefon und E-Mail

Der klassischste Kanal für synchrone Kommunikation: Telefon oder Videoanruf. In den meisten Fällen die schnellste Variante, um etwas mit einer anderen Person zu klären. Vorausgesetzt, beide haben zeitgleich Zeit füreinander. Je nach Tätigkeit ist das bei einigen selten der Fall. Ist das Gegenüber nicht erreichbar, wird in vielen Unternehmen, die noch am Anfang der Transformation zur hybriden Arbeit stehen, dann automatisch zum klassischen asynchronen Kommunikationskanal gewechselt – der E-Mail.

E-Mails haben den typisch asynchronen Vorteil, dass das Gegenüber sie lesen und beantworten kann, wann und wie es passt. Gleichzeitig wirkt die E-Mail für viele wie ein Relikt aus der Vergangenheit, etwas schwerfällig und klobig.

Die Reife der Zusammenarbeit lässt sich zum Beispiel daran ablesen, wie wenig E-Mails im Team hin- und hergeschickt werden.

Als Faustregel gilt: Je weniger E-Mails, desto effektiver – vorausgesetzt, es werden andere Kommunikationskanäle genutzt und die Kommunikation nicht etwa gänzlich eingestellt.

Praxisbeispiel aus unserem Thinktank

Wir wohnen fünfhundert Kilometer voneinander entfernt, sodass wir uns so gut wie nie synchron an einem Ort treffen. Wir schreiben uns auch keine E-Mails und haben selten Online-Meetings. Und doch arbeiten wir eng abgestimmt. Wir nutzen ein ausgefeiltes Taskboard, dessen Logik wir kontinuierlich weiterentwickeln. Der andere, eher ungewöhnliche Kommunikationskanal, der uns viel Austausch, Verbindung und gegenseitiges Verständnis beschert, sind asynchrone Sprachnachrichten. Sie haben den Vorteil, dass sie längere Gedankengänge zulassen und das Gegenüber Zeit hat, das Gehörte wirken zu lassen. Jeweils zu einem Zeitpunkt und in einer räumlichen Situation, die für die andere passt. Das hybride Team-Modell, viele Ideen und Workshopkonzepte sind auf diesem Wege bei uns entstanden. Ohne diese Kanäle – Sprachnachrichten und Taskboard – gäbe es dieses Buch nicht.

Chat als leichtgewichtige Alternative

Eine leichtgewichtige Alternative ist die Kommunikation über den Chat. Hier findet hauptsächlich der Austausch zwischen zwei Kolleg:innen statt. Es geht oftmals um ad hoc Informationen. Je nach Einstellung blinkt das Chat-Fenster auf und es lässt sich auch mal schnell antworten, ohne sich mit langer Anrede und Grußformel aufhalten zu müssen. Ein Chat wird von vielen heute als unkompliziert und schnell wahrgenommen. Eine Herausforderung bei der Nutzung von Chats kann sein, dass es unterschiedliche Erwartungen oder Vorstellungen an die Reaktionszeiten gibt.

Channels für eine dauerhafte Zusammenarbeit

Eine weitere Möglichkeit besteht in der Nutzung themenspezifischer Channels in Kollaborationstools wie Microsoft Teams oder Slack. Sie bieten so etwas wie dauerhafte Chaträume, auf die alle berechtigten Kolleg:innen zugreifen können. In diesen Channels lassen sich in der Regel auch Dokumente teilen, Feedback geben, Inhalte kommentieren und diskutieren. Solche Channels eignen sich sowohl für fachliche als auch informelle Kommunikation. Bei der Anzahl von Channels empfiehlt es sich, lieber sparsam zu sein bei der Anlage und einen weiteren erst bei einem wirklich großen Unterthema anzulegen. Sonst besteht die Gefahr, mehr Zeit für das Einsortieren von Informationen aufzuwenden als für die eigentliche inhaltliche Bearbeitung.

Kommunikationskanäle: Mehr davon ist nicht unbedingt besser

Je mehr Kommunikationskanäle ein Team im Einsatz hat, desto mehr ist von jedem im Auge zu behalten. Es kann für ein Team hilfreich sein, sich auf einige wenige zu einigen. Und dafür gemeinsame Erwartungswerte festzulegen.

Beispielhafte Vereinbarung zu Antwortzeiten und -verhalten:

- Wir antworten spätestens innerhalb von vierundzwanzig Stunden auf Nachrichten im Kommunikationskanal x.

- Chat-Nachrichten versuchen wir schnellstmöglich zu beantworten, idealerweise innerhalb von zwei bis drei Stunden.
- E-Mails beantworten wir innerhalb von zwei Tagen.
- Bei einem Anruf in Abwesenheit rufen wir nicht zurück, weil wir davon ausgehen, dass sich der Anrufende wieder meldet.

Eine solche Vereinbarung hilft bei der Auswahl des jeweils passenden Kommunikationskanals. Wer zum Beispiel schnell eine Antwort braucht, kann ihr entnehmen, dass sich eine E-Mail nicht eignet, ein Anruf oder eine Chatnachricht hingegen schon.

An dieser Stelle möchten wir verdeutlichen, dass ein Kommunikationskanal nicht besser ist als ein anderer. Welche Regeln für euer Team sinnvoll sein könnten und wie ihr sie gemeinsam aufstellt, das beschreiben wir ab Seite 59 im Kapitel »Kommunikationsstruktur: Zuverlässig und unmissverständlich in Kontakt bleiben«.

Aus Sonjas Praxis

In einem meiner letzten Teams haben wir die Kommunikationskanäle sehr gezielt nach Anlass ausgewählt. Bei komplexen Fragen war das Telefon die erste Wahl, da es schneller zu Antworten führte als jedes E-Mail-Pingpong. Um interessante Fachartikel zu teilen, nutzten wir den eigens angelegten Microsoft Teams-Channel BraINput. Unter solchen Posts entstanden teilweise lebhafte Diskussionen. Kurzfristige Infos, zum Beispiel, dass sich der Link für ein Online-Meeting verändert hat, teilten wir über den Chat, weil dieser bei den anderen aufpoppte. Und wenn es darum ging, dass wir uns als Team zu einer Kundenanfrage eine Meinung bilden durften, posteten wir das als konkretes Thema samt Fragestellung in den passenden Channel und markierten die entsprechenden Kolleg:innen.

Das Taskboard: Transparenz schaffen über Aufgaben

»Wie weit bist du mit den Kennzahlen? Ist die Zulieferung schon da? Hast du daran gedacht, den Raum zu reservieren?« Je größer die gemeinsame Aufgabe, desto wichtiger und gleichzeitig herausfordernder ist es, einen Überblick zu behalten. Zum einen über die Aufgaben, die erledigt werden müssen, zum anderen über den Status der einzelnen Aufgaben.

Ein zentrales Taskboard ermöglicht es, unsichtbare Wissensarbeit zu einem gewissen Grad sichtbar zu machen. Es besteht in der Regel aus verschiedenen Spalten, in die einzelne Karten – eine pro Aufgabe (»Task« auf Englisch) – einsortiert werden. Jede Karte kann mit weiteren Informationen wie Datum oder Verantwortliche:r angereichert werden. Idealerweise ist der Zugang nicht nur über den Computer, sondern auch über das Smartphone möglich. Verbreitete technische Lösungen sind das in Microsoft Teams enthaltene Planner oder externe Cloud-Lösungen wie Trello oder Meistertask.

Ein Taskboard ist ein simples und gleichzeitig wirkungsvolles Werkzeug. Vorausgesetzt, es wird aktiv genutzt. Und doch scheitern viele Initiativen, ein Taskboard im Team einzuführen. In manchen Fällen liegt das an fehlenden Funktionen, nicht vorhandener Integration mit anderen Systemen und schlechter Usability. Oft begegnen uns Bedenken bezüglich der plötzlichen Transparenz und der damit verbundenen Unsicherheit (»Will meine Chefin mich jetzt kontrollieren?«). Ein gemeinsames Verständnis darüber zu entwickeln, welcher Grad an Transparenz nützlich ist, hilft, diese Bedenken zu reduzieren.

Ein weiterer Grund, warum Einführungen scheitern, ist schlicht und einfach die Tatsache, dass nicht genug Zeit investiert wird. Nicht dafür, im Team ein gemeinsames Verständnis über den Sinn aufzubauen. Nicht dafür, zu klären, wofür und wie das Taskboard genutzt werden soll. Und auch nicht, um die notwendigen technischen Fähigkeiten aufzubauen.

Um dem entgegenzuwirken, hat es sich in der Praxis bewährt, mit dem Team im ersten Schritt ein gemeinsames Verständnis darüber zu erarbeiten, welche Vorteile die Nutzung für alle hätte. Für das Team als Ganzes und für jede:n Einzelne:n. Anschließend könnt ihr als Team beginnen, gemeinsam eine passende Struktur aufzubauen. Welche Struktur sich zum Start eignet und wie ihr von da aus weitergehen könnt, findest du ab Seite 51 im Kapitel »Aufgabenstruktur: Auf einen Blick verstehen, wer an was arbeitet«.

Aus Sonjas Praxis

Als Teamleitern hielt ich es für eine gute Idee, ein Taskboard im Team einzuführen. Ich überlegte mir eine Struktur und stellte sie dem Team vor. Da ich selbst wenig operative Aufgaben hatte, nutzte ich das Board nur selten – leider genauso selten wie der Rest. Nachdem der erste Versuch nicht funktioniert hatte, beschäftigte ich mich intensiv damit, wie so eine Implementierung grundsätzlich gelingen kann.

Dabei stellte ich fest, viele typische Fehler gemacht zu haben: Als Führungskraft entscheiden, dass und wie das Board genutzt werden soll, dem Team keine Zeit geben, sich selbst eine Meinung zu bilden, keinen im Team finden, der das Thema auch für sinnvoll erachtet und es vorantreiben kann, das Taskboard nicht in bestehende Strukturen verankern, erwarten, dass andere automatisch die eigene Begeisterung teilen.

Als wir einige Zeit später einen erneuten Anlauf unternahmen, hat es funktioniert.

Werkzeuge, die die Zusammenarbeit verbessern sollen, können nur auf eine Art und Weise eingeführt werden: partizipativ. Die Einführung eines neuen Werkzeugs braucht Allianzen und keine Alleingänge.

Praxistipps für die Einführung eines Taskboards

- Vorteile gemeinsam erarbeiten (zum Beispiel überlegen, welche zeitintensiven Aufgaben dadurch wegfallen können, zum Beispiel das Verfassen und Versenden von Status-E-Mails).
- Interessierte im Team finden und sie das Thema vorantreiben lassen.
- Strukturen etablieren, die auf ein gepflegtes Board angewiesen sind, zum Beispiel die Agenda für das wöchentliche Teammeeting.
- Optionen für Benachrichtigungen bewusst einstellen – will ich viele Benachrichtigungen, einmal am Tag oder gar keine?
- Bedenken, dass Menschen unterschiedlich begeistert auf Struktur und Transparenz reagieren und diesen Reaktionen bewusst begegnen (mehr dazu im Kapitel 6.2).

Das digitale Whiteboard: Kreativ zusammenarbeiten

»Mal schnell etwas gemeinsam auf das Flipchart zeichnen ...« Das vermissen viele in der virtuellen Teamkommunikation. Vor allem fehlen die dabei entstehenden guten und kreativen Ideen. Zum Glück gibt es für hybride Teams eine sehr gute Alternative: das digitale Whiteboard.

Die meisten Videokonferenztools wie Microsoft Teams, WebEx oder Zoom bringen ein einfaches Whiteboard mit. Darauf lassen sich in Meetings zum Beispiel Ideen sammeln und clustern und es lässt sich mit Maus oder Finger kritzeln. Werden diese Whiteboards mit geeigneten Methoden (viele davon findest du im Kapitel »Modul 4: Methoden – Ansätze für mehr Augenhöhe und Kreativität im Miteinander«) genutzt, können hier in kurzer Zeit beeindruckende Ergebnisse entstehen. Gleichzeitig haben die Whiteboards der Videokonferenzhersteller (Stand Oktober 2022) oft einen begrenzten Funktionsumfang und eine geringe Nutzerfreundlichkeit.

Anders sieht es bei den externen Whiteboards aus. Drei große Anbieter sind Miro, Mural und Conceptboard. Sie ermöglichen es, über einen längeren Zeitraum mit ein und demselben Whiteboard zu arbeiten. Sie bieten viele verschiedene Vorlagen (sogenannte Templates) für Retrospektiven, Projektpläne und Stärken/Schwächen-Analysen. Solltest du mit deinem Team noch keines dieser externen Whiteboards im Einsatz haben, lohnt sich das Ausprobieren. Alle Whiteboard-Anbieter bieten kostenlose Probeversionen an.

Das digitale Whiteboard ist in hybriden Teams der zentrale Ort für kreative Interaktion - egal ob synchron oder asynchron.

Bei asynchronen Meetings (siehe Kapitel »Asynchrones Meeting: Wo Zeit und Ort in den Hintergrund treten«) können die Teilnehmenden jederzeit auf das Board zugreifen, ihre Ideen notieren und sich von den Karten der anderen inspirieren lassen.

Downloadtipp

Im Downloadbereich dieses Buches findest du ein Tutorial über die grundlegenden Funktionalitäten eines Whiteboards und wie du sie einsetzen kannst.

Aus Gesines Praxis

Interaktive Zusammenarbeit war für mich lange Zeit mit analogen Kreativmethoden und Werkzeugen verknüpft. Dachte ich an gute Meetings und Workshops, hatte ich dabei immer Menschen vor Augen, die mit bunten Post-its ausgerüstet Schulter an Schulter vor Metaplanwänden und Flipcharts angeregt diskutierten und visualisierten. Als die physische Zusammenarbeit dann plötzlich unmöglich wurde, suchte ich nach digitalen Lösungen, um auch in Videokonferenzen Workshopatmosphäre aufkommen zu lassen.

Meine größte Sorge war, dass online nun keine neuen Ideen und Lösungen mehr entstehen würden. Als ich bei meiner Recherche auf das digitale Whiteboard Mural stieß, war ich zunächst mal sehr erleichtert. Denn allein

Beispiele für Templates eines externen Whiteboards

die bunten Post-its und die zum Mitmachen anregenden Vorlagen zu sehen, machte mir Mut. Zum Glück konnte ich einen ersten Kunden überzeugen, den in Präsenz geplanten Change-Workshop nach Microsoft Teams zu verlegen und auf Mural zusammenzuarbeiten. Alle für die persönliche Zusammenarbeit geplanten Formate konnte ich mit kleinen Anpassungen ins Virtuelle übersetzen. Sei es nun die Ideensammlung auf Post-its oder das Skizzieren eigener Perspektiven mit einfachen Zeichnungen.

Die Workshoperfahrung war so positiv, sowohl für die Teilnehmenden als auch für mich als Moderatorin, dass ich seitdem in jedem Workshop mit einem digitalen Whiteboard arbeite, sofern von Kundenseite keine Datenschutz-Bedenken dagegensprechen.

3.3 Modul 3: Strukturen – Rahmen für Effizienz und Klarheit

Die im Kapitel zuvor vorgestellten Werkzeuge bringen eine Vielzahl von Funktionen und Möglichkeiten mit. Ohne geeignete Strukturen bringen sie jedoch wenig Nutzen.

In diesem Kapitel stellen wir euch folgende vier hilfreiche Strukturen für hybride Teams vor:

- **Aufgabenstruktur:** Auf einen Blick verstehen, wer woran arbeitet.
- **Kommunikationsstruktur:** Zuverlässig und unmissverständlich in Kontakt bleiben.
- **Dokumentenstruktur:** Schneller und leichter zurechtfinden.
- **Meetingstruktur:** Produktive Meetings unabhängig von Ort und Zeit.

Hilfreiche Strukturen: Endlich Zeit fürs Wesentliche

Strukturen geben Orientierung. Ein Kleiderschrank macht mehr Spaß, wenn alles an seinem Ort liegt. Wer mit einem Camper verreist, weiß: Es gibt viele Fächer und Ablagemöglichkeiten. Aber wenn sich die Urlauber nicht einig werden, welche Dinge wo hingehören, dann ist der Erholungswert ernsthaft in Gefahr. Einigt man sich jedoch darauf, wie die vorhandenen Fächer genutzt werden sollen und tut es auch konsequent, ist es beeindruckend, was auf so kleinem Raum alles Platz hat – und wie schnell es gefunden werden kann. Strukturen helfen uns, schneller zum Ziel zu kommen, weil wir nicht jedes Mal neu entscheiden müssen.

In der Zusammenarbeit ist es ähnlich wie im Camper – wir haben jede Menge Werkzeuge (manchmal zu viele) zur Wahl dafür, wie wir kommunizieren und Informationen ablegen wollen. Selbst wenn der Platz in der hybriden Arbeitswelt fast unbegrenzt ist, gilt auch hier: Lieber finden statt suchen und fluchen.

Nicht auffindbare Informationen führen zu viel Unmut. Oder andersherum: Wenn wir wissen, wo wir suchen müssen oder sogar automatisch über Neues benachrichtigt werden, macht das die Zusammenarbeit deutlich erfreulicher.

Mit Strukturen lassen sich keine akuten Probleme lösen. Aber sie helfen, dass sie erst gar nicht entstehen.

Produktivitätsschub durch gute Strukturen

Im Falle von Unstimmigkeiten in der Zusammenarbeit wird erfahrungsgemäß viel Energie dafür aufgebracht, das konkrete, unstimmigkeitsauslösende Problem auf der Sachebene zu lösen. Die Sachebene ist oft nur das Symptom eines Problems, das durch Missverständnisse, fehlende Prinzipien oder deren Missachtung entstanden ist. Meistens federn wir Menschen es ab, lösen den konkreten Fall und machen einfach weiter. Selten wird bei Irritationen besprochen, wie es dazu kam und was helfen kann, es zukünftig zu verhindern. Auf der strukturellen Ebene liegt das Potenzial für nachhaltige Verbesserung der Zusammenarbeit. Natürlich sollte nicht generell immer alles infrage gestellt werden, aber spätestens, wenn eine Situation häufiger auftritt, lohnt es sich, herauszufinden, ob es sich um ein strukturelles Problem handelt. Idealerweise sprecht ihr darüber, bevor schlechte Gefühle mit dazu kommen. Denn dann besteht die Gefahr, dass es statt konstruktivem Optimieren vor allem Schuldzuweisungen gibt. Was hilft, möglichst wenige von diesen Unstimmigkeiten aufkommen zu lassen, sind geeignete Werkzeuge. Das beste Werkzeuge entfaltet seine Wirksamkeit aber nur, wenn das Team geeignete Strukturen nutzt. Strukturen, die das Team gemeinsam definiert und kontinuierlich weiterentwickelt.

In den folgenden Kapiteln zeigen wir dir, wie Strukturen beispielhaft aussehen können. Der Aufbau und das Etablieren dieser Strukturen sind zugegebenermaßen mit Aufwand verbunden. Der Nutzen, den sie einem hybriden Team bringen, rechtfertigt ihn unserer Erfahrung nach. Die Idee ist dabei nicht, dass die vorgeschlagenen

Strukturen eins zu eins für jedes Team übernommen werden. Vielmehr sind die Strukturen als Inspiration und Gedankenanstoß zu verstehen, die dir und deinem Team dabei helfen können, für euch passende Strukturen zu definieren.

Strukturen erleichtern das Ankommen

Der nette Nebeneffekt guter Strukturen ist, dass neue Teammitglieder es deutlich leichter haben, im Team anzukommen und schneller das Gefühl zu haben, dazuzugehören (mehr zum Thema Teamzugehörigkeit findest du im Kapitel »Modul 5: Rituale – Kleine Hebel für Wirgefühl auch auf Distanz«).

Aus Gesines Praxis

Ich moderiere viele Konfliktklärungen für Teams. In den seltensten Fällen fällt der Begriff »Konflikt« in den Vorgesprächen mit den verantwortlichen Führungskräften. Stattdessen ist oft die Rede von unklaren Strukturen und intransparent verteilten Rollen und Aufgaben. Strukturelle Themen also. Meiner Erfahrung nach können gute und klare Strukturen Beziehungen schützen. Denn je weniger Struktur es gibt, desto mehr Zeit und Energie müssen Teams darauf verwenden, sich abzustimmen. Genau dazu fehlt jedoch oft die Zeit und es kommt zu energieraubenden Missverständnissen und Reibereien.

Aufgabenstruktur: Auf einen Blick verstehen, wer an was arbeitet

Viele Arbeitsumfelder sind komplex. Sie beinhalten viele verschiedene Aufgaben und Facetten, die berücksichtigt werden müssen, damit ein Projekt oder ein Thema erfolgreich bearbeitet werden kann. Und diese vielfältigen Aufgaben und Facetten stehen auch noch wechselseitig in Beziehung zueinander.

Hybride Teams brauchen einen Überblick über den Status ihrer Aufgaben, und zwar jederzeit und von überall.

Je enger ihr im hybriden Team zusammenarbeitet und eure Aufgaben miteinander verwoben sind, desto wichtiger ist es, ein gutes Maß an Transparenz zu finden. Zu wenig Transparenz ist genauso hinderlich wie zu viel.

Gerade in Teams aus Wissensarbeiter:innen ist es essenziell, einen Weg zu finden, Arbeit sichtbar und somit leichter steuerbar zu machen. Eine transparente Aufgabenstruktur kann dafür ein einfaches und wirkungsvolles Hilfsmittel sein.

Als Werkzeug hat sich hier das Taskboard (vergleiche auch Seite 44 ff.) bewährt. Wie bei jedem Werkzeug gilt auch beim Taskboard: »A fool with a tool is still a fool« (Grady Booch). Wenn du mit deinem Team also keinen guten Weg findest, es einzusetzen, bringt es auch keinen Mehrwert.

Drei Voraussetzungen, damit ein Taskboard seine Wirkung für ein hybrides Teams entfalten kann:

- eine passende Struktur,
- die nötigen technischen Kompetenzen zur Nutzung,
- die Disziplin, das Taskboard kontinuierlich zu pflegen.

Ein Taskboard kann unterschiedlich komplex aufgebaut sein und verschiedene Elemente beinhalten. Zu viel Struktur kann jedoch überfordern. Dann hat ein Taskboard eher negative Effekte und kann statt effizienter Kommunikation zu Frustration führen.

Strukturen, die zu kompliziert sind, werden scheitern. »Start simple and grow« gibt dem gesamten Team die Chance, Schritt für Schritt Strukturen zu entwickeln, die wirklich passen.

Im Folgenden stellen wir euch Strukturansätze für den Aufbau eines Team-Taskboards vor, die sich in der Praxis hybrider Teams bewährt haben.

Aufgaben im Überblick: Drei Spalten im Taskboard für mehr Transparenz im Team

Das verfolgte Ziel

Einen Überblick über alle aktuell relevanten Aufgaben und ihren Status ermöglichen und dadurch die Transparenz im Team erhöhen. Auf einen Blick könnt ihr sehen, was noch alles ansteht, was gerade in Bearbeitung ist und vor allem, was ihr als Team schon alles erreicht habt.

Benötigte Spalten

To-do | Doing | Done

Hilfreiche Prinzipien

Damit diese Struktur auf das Ziel einzahlt, empfehlen wir dir, im Team grundlegende Prinzipien für die Nutzung zu vereinbaren.

Solche Prinzipien könnten zum Beispiel lauten:

- Wann immer ihr eine Aufgabe bekommt, schreibt ihr eine virtuelle Karte im Taskboard.
- Wann immer sich der Status verändert, verschiebt ihr die Karte in die nächste Spalte (To-do ➲ Doing ➲ Done).
- Erhaltet ihr Informationen (zum Beispiel per E-Mail), die für alle relevant sind, schreibt ihr sie in die Karte.
- Wenn jemand eine Information in jedem Fall sehen soll, dann markiert die entsprechende Person auf der Karte (geht in den meisten Werkzeugen mit @name).

Nutzt diese Prinzipien als Ausgangspunkt, um im Team Einigkeit darüber zu erlangen, wie ihr das Board nutzen wollt. Und dann entwickelt sie weiter, sodass sie auf euch als Team zugeschnitten sind.

Auch hier gilt: Fangt mit einigen wenigen Prinzipien an und stellt während der Nutzung fest, welche weiteren Prinzipien hilfreich sein könnten.

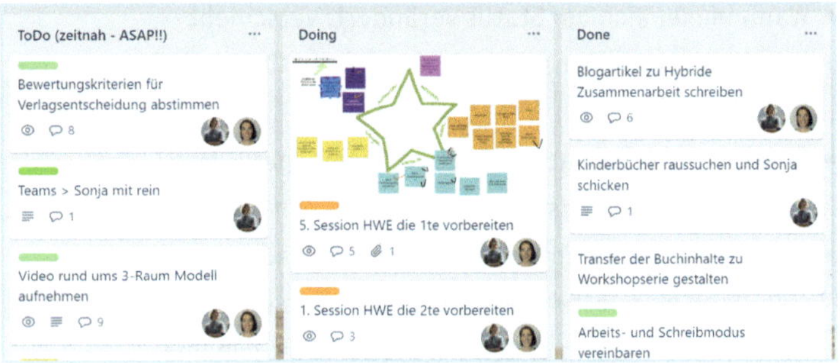

Beispiel eines einfachen Kanban-Boards

Meetings: Agendaplanung für das nächste Meeting – Transparenz und Planung für alle

Das verfolgte Ziel

- Klarheit erzeugen über die im Meeting zu besprechenden Themen und die damit verfolgten Ziele.
- Allen Teilnehmenden ermöglichen, sich auf die Themen vorzubereiten oder zu entscheiden, für welche Inhalte die eigene Teilnahme relevant ist.

Benötigte Spalten

Nutzt pro Regeltermin eine Spalte. Wenn ihr im Team zwei Regeltermine pro Woche habt, könnte das ganze zum Beispiel wie folgt aussehen:

- Teammeeting Mittwoch, 14 Uhr
- Projekt-Update Freitag, 11 Uhr

Hilfreiche Prinzipien

- Eine Karte pro Thema: Für jedes Thema, das im Meeting besprochen werden soll, fügt ihr eine Karte hinzu, beschriftet sie mit der zu klärenden Frage und dem benötigten Zeitfenster.
- Nur was auf Karten steht, wird auch besprochen: Das erhöht enorm die Disziplin, Karten zu schreiben.
- Der Hinweis, ob bei einem Agendapunkt informiert (I), diskutiert (D) oder entschieden (E) werden soll, hilft den Teilnehmenden bei der Vorbereitung.
- Für Tätigkeiten, die regelmäßig anfallen (sollen), werden Standardkarten erstellt.

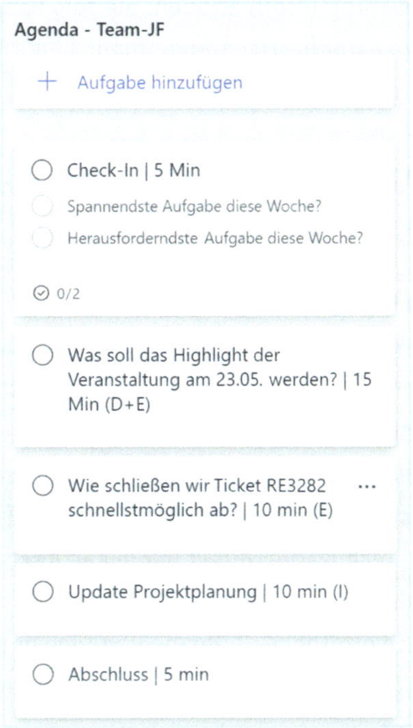

Agenda - Team-JF

+ Aufgabe hinzufügen

Check-In | 5 Min

Spannendste Aufgabe diese Woche?

Herausforderndste Aufgabe diese Woche?

0/2

Was soll das Highlight der Veranstaltung am 23.05. werden? | 15 Min (D+E)

Wie schließen wir Ticket RE3282 schnellstmöglich ab? | 10 min (E) ...

Update Projektplanung | 10 min (I)

Abschluss | 5 min

Agendaplanung eines Teammeetings auf einem Taskboard

Templates: Vorlagen für wiederkehrende Aufgaben – Sich wiederholende Aufgaben effizient bearbeiten

Das verfolgte Ziel

- Effiziente und konsistente Bearbeitung wiederkehrender Aufgaben.
- Gemeinsames Verständnis über die zu erledigenden Schritte fördern.
- Transparenz über den Fortschritt umfassender Aufgaben herstellen.

Benötigte Spalten

Templates | Vorlagen

Hilfreiche Prinzipien

- Für jede wiederkehrende Aufgabe wird eine Template-Karte erstellt, in der alle relevanten Informationen erfasst werden (Arbeitsschritte, Links, benötigte Dokumente).

- Sobald die Aufgabe des Templates konkret wieder ansteht, wird die Template-Karte kopiert und auf die aktuelle Situation angepasst (Konkreter Titel, Bearbeiter:in, weitere Informationen).
- Wenn sich im Rahmen der Bearbeitung neue Erkenntnisse ergeben, die für die Bearbeitung weiterer Fälle sinnvoll ist, wird im Team im Rahmen eines Meetings kurz darüber gesprochen und das Template entsprechend angepasst.
- Wenn Schritte angepasst werden, werden alle im Team darüber informiert.

Backlog: Aufgaben für später – Aufgaben und Ideen für einen späteren Zeitpunkt vormerken

Das verfolgte Ziel

- Aufgaben einen Platz geben, die aktuell noch keine Dringlichkeit haben, aber nicht verloren gehen sollen.
- Alle relevanten Informationen, die zum Bearbeiten einer für später bestimmten Aufgabe benötigt werden, griffbereit haben.

Benötigte Spalten

Backlog

Hilfreiche Prinzipien

- Aussagekräftige Beschreibungen für eine Karte formulieren, sodass später ein leichter Einstieg ins Thema möglich ist.
- Alle vorhandenen, relevanten Informationen, wie zum Beispiel Dokumente, Präsentationen, E-Mails und Ansprechpartner direkt in die Karte schreiben oder verlinken.
- Eine Karte pro Thema, Aufgabe und Idee nutzen.
- Regelmäßig auf das Backlog schauen und konsequent aufräumen.
- Gegebenenfalls kann es Sinn ergeben, zwei Spalten anzulegen – eine mit Aufgaben für später und eine mit Ideen.

Dokumente und Arbeitsmittel: Was wir zum Arbeiten brauchen – Alles Wichtige im Schnellzugriff

Das verfolgte Ziel

- Sicherstellen, dass alle die gleichen Dokumente und Arbeitsmittel verwenden.
- Beides ohne großen Aufwand finden.

Unter Arbeitsmitteln verstehen wir alle Systeme und Dokumente, mit denen ihr für eine Aufgabe arbeitet. Wichtige Dokumente sind von dauerhafter und unveränderlicher Natur und haben den Charakter eines Nachschlagewerks (zum Beispiel interne Vorgaben oder Gesetzestexte). Sie werden in der Regel nicht so oft benötigt.

Benötigte Spalten

Dokumente | Arbeitsmittel

Je nachdem, wie viele Einträge ihr habt, könnt ihr überlegen, zwei Spalten statt einer anzulegen.

Hilfreiche Prinzipien

- Erhaltet ihr eine relevante Info, fügt sie als erste in die Spalte ein und markiert gegebenenfalls Kolleg:innen in der Karte, damit sie davon erfahren. Dem Impuls zu widerstehen, das ganze per E-Mail einfach an alle weiterzuleiten, kann am Anfang anspruchsvoll sein.
- Je nachdem, wie viele Dokumente ihr hinzufügt, kann die Spalte irgendwann unübersichtlich werden. Dann ist ein guter Zeitpunkt, über die Weiterentwicklung der Taskboard Struktur zu sprechen.

Abgesehen von der Steuerung über Spalten, gibt es weitere Möglichkeiten, um den Überblick in einem Taskboard zu behalten.

Tipps für ein übersichtliches Taskboard

- Karten einzelnen oder mehreren Personen zuweisen,
- Karten mit Deadlines versehen,
- Checklisten zu einer Karte hinzufügen,
- Tags und Label für weitere Kategorisierungen verwenden.

Unser Tipp Nummer 1 zum Thema Strukturen: Fangt bei jeder Struktur klein an und haltet sie so einfach wie möglich.

Strukturen, die zu kompliziert sind, machen mehr Ärger als dass sie nützen.

Bei jeder Anpassung oder Weiterentwicklung ist es wichtig, sie an das ganze Team zu kommunizieren. Idealerweise legt ihr euch nicht nur für die Aufgaben, sondern auch für eure Zusammenarbeit eine eigene Spalte an. Jede Veränderung, Verbesserung und neue Vereinbarung bekommt dort eine eigene Karte. So weiß jede:r Bescheid und neue Teammitglieder finden sich schnell zurecht.

Weniger Suche und mehr Flow. Das macht ein gutes hybrides Team aus.

Beispiel der Taskboard-Spalte »Arbeitsmittel«

Kommunikationsstruktur: Zuverlässig und unmissverständlich in Kontakt bleiben

Es gibt viele etablierte Kommunikationsmodelle. Zu des bekanntesten gehören das Kommunikationsquadrat von Schulz von Thun[5], der Ansatz der gewaltfreien Kommunikation nach Marshall B. Rosenberg[6] und das Eisberg-Modell (beschrieben von Floyd Ruch[7]). Sie alle eint, mehr Aufmerksamkeit darauf zu legen, was und wie es gesagt wird. Bei hybrider Zusammenarbeit kommt noch die Frage dazu: Auf welchem technischen Weg kommt meine Botschaft zum Gegenüber? Findet die Kommunikation asynchron statt, schließt sich eine weitere Frage an: Welche Erwartungen habe ich an Antwort- und Reaktionszeiten? Und welche Erwartungen habe ich an das digitale Miteinander?

Gerade wenn der hybride Arbeitsmodus für einige Teammitglieder neu ist, stellt sich leicht der Eindruck ein, dass etwas nicht passt. Bleibt das unbesprochen, können daraus Unzufriedenheiten und Konflikte erwachsen.

Eine gute Kommunikationsstruktur und vereinbarte Kommunikationsprinzipien helfen, Missverständnisse zu vermeiden und mehr Fokus auf die inhaltliche Arbeit legen zu können.

In der Praxis sieht es jedoch vielfach noch so aus, dass Anfragen und Informationen per E-Mail ankommen. Einige Kolleg:innen leiten diese E-Mail an alle anderen aus dem Team weiter, andere legen vielleicht eine Karte im Taskboard an und wieder andere legen die Informationen im passenden Ordner ab, ohne die anderen explizit zu informieren. Das führt dazu, dass jede:r denkt »Ich habe die anderen ja informiert, die Information gut verarbeitet. Warum machen es die anderen nicht auch endlich mal?«. Wenn Kolleg:innen nicht wissen, dass sie im Ordner nachschauen können oder es eine Karte im Taskboard gibt, fehlt es noch an verständlichen Kommunikationsstrukturen.

Die alles entscheidende Frage im hybriden Team: wie stellen wir uns so auf, dass Kommunikation möglichst reibungsarm funktioniert?

Exemplarisch an dieser Stelle acht Situationen, in denen jede:r zu einer anderen Interpretation kommt, sofern es im Team keine Vereinbarungen dazu gibt:

- Auf welchem Kommunikationskanal erreiche ich meine:n Kolleg:in am besten? Gibt es für bestimmte Informationen bestimmte Kanäle?
- Darf ich eine Chat-Nachricht schreiben, obwohl der Status »beschäftigt« anzeigt?
- Wenn mich ein:e Kolleg:in angerufen hat – muss ich dann zurückrufen? Innerhalb welcher Zeit? Und bis wie viel Uhr am Abend darf ich anrufen?
- Welche Reaktions- und Antwortzeiten wollen wir je Kommunikationskanal vereinbaren?
- In welchen Zeiten sind wir als Team erreichbar? Wann ist jede:r individuell erreichbar?
- Wie stellen wir Phasen des ungestörten Arbeitens sicher?
- Wie vereinbaren wir Termine für Meetings? Haben wir Einsicht in die Kalender der anderen?
- Welche Informationen (zum Beispiel Kalender) halten wir aktuell, weil sie wichtig für unsere Arbeit sind?

Die gemeinsame Bearbeitung dieser Fragen zeigt schnell die Unterschiedlichkeit der persönlichen Präferenzen und Bedürfnisse auf. Durch das gegenseitige Verständnis dieser Bedürfnisse und das Erarbeiten gemeinsamer Kommunikationsprinzipien, wird die Kommunikation im Team deutlich entspannter.

Das Media-Richness-Modell[8] nach Robert H. Lengel und Richard L. Daft kann euch dabei unterstützen, euer Bewusstsein dafür zu schärfen, welcher Kommunikationskanal sich für welchen Austausch im Team eignet.

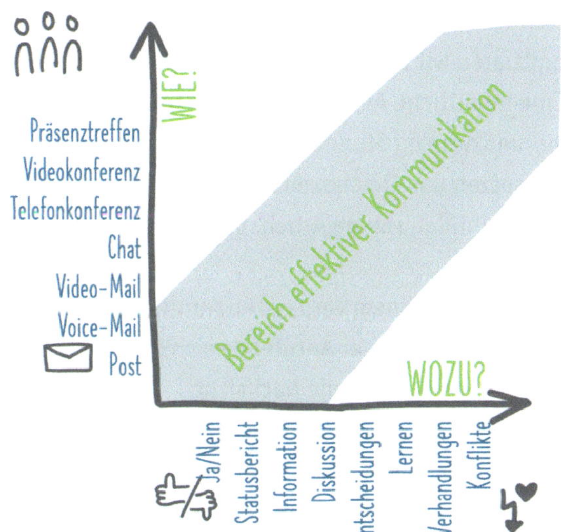

Das Media-Richness-Modell nach Lengel und Daft

Eine hilfreiche Maxime für die Auswahl von Kommunikationskanälen

Je komplexer und vielschichtiger der Kommunikationsinhalt, desto reichhaltiger sollte das Kommunikationsmedium sein (E-Mail = wenig reichhaltig, Präsenz-Meeting = sehr reichhaltig).

Reichhaltige Kommunikationskanäle, wie etwa ein persönliches Gespräch, sind geeignet, um komplexe Sachverhalte zu klären und weniger reichhaltige Medien, wie etwa eine E-Mail, eignen sich für unmissverständliche Absprachen. Oftmals ist es so, dass Teams nicht mehr, sondern fokussiertere Kommunikation brauchen.[9] Idealerweise erarbeitet ihr euch im Team gemeinsam eine Kommunikationsstruktur unter Verwendung verschiedener Methoden (siehe »Moderationsmethoden: Gleichberechtigt austauschen«). Dabei könnt ihr bewusst entscheiden, welcher Teil der Erarbeitung gut asynchron erfolgen kann (zum Beispiel das Erheben von Wünschen oder Rahmenbedingungen, die aktuell Energie kosten) und welche ihr lieber in einem Meeting persönlich besprecht (zum Beispiel Bedürfnisse).

Es lohnt, regelmäßig eure Kommunikationsstruktur anzupassen. Denn nur, weil es heute für euch gut passt, heißt das nicht, dass es in drei Monaten immer noch so ist.

Kommunikationsregeln, die sich für Teams bewährt haben

Im Folgenden zeigen wir euch beispielhaft Regeln und Prinzipien, die sich hybride Teams erarbeitet haben. Ein Ergebnis eures Workshops könnte zum Beispiel folgende Vereinbarung sein:

- Wir beginnen all unsere Termine erst um fünf nach.
- Wir versenden intern keine E-Mails.
- Wir sammeln Ideen zuerst asynchron, bevor wir im Meeting darüber sprechen.
- Wir digitalisieren To-dos und weisen sie zu.
- Wir taggen Kollegen, wenn wir eine Information als relevant erachten.
- Wir versuchen viel asynchron zu erledigen.
- Wir planen unsere Meetings auf dem Taskboard. Alles, was nicht auf einer Karte steht, wird nicht besprochen.
- Wenn wir eine Nachricht in Teams gelesen haben, quittieren wir das mit einem Daumen hoch 👍.
- Eine inhaltliche Antwort geben wir innerhalb von vierundzwanzig Stunden.
- Wir setzen uns Timeboxen bei Diskussionen.
- Wir definieren ruhige Arbeitsphasen und respektieren diese.
- Wir rufen bei einem verpassten Anruf nicht zurück. Entweder meldet der Anrufende sich erneut oder er sendet eine schriftliche Nachricht.
- Wenn jemand den Status »beschäftigt« hat, senden wir trotzdem Chat-Nachrichten.
- In Abhängigkeit der Art und Dringlichkeit wählen wir den passenden Kommunikationskanal.
- In der gemeinsamen WhatsApp-Gruppe werden nur private und organisatorische Dinge (Mein Zug hat Verspätung) behandelt.

Dokumentenstruktur: Schneller und leichter zurechtfinden

»Wo liegt eigentlich die Unterlage? Ist das die aktuelle Version?«

Es gibt kaum zwei Fragen, die überflüssiger sind und gleichzeitig so wichtig. Denn wenn jemand nicht mit der aktuellen Version eines Dokumentes arbeitet, entstehen unnötige Mehraufwände. Damit dies gelingt, hat es sich bewährt, eine klare, zum Team passende Dokumentenstruktur zu etablieren.

Zentraler Ort für gleichartige Informationen

Egal welche Werkzeuge ihr im Einsatz habt, gleichartige Informationen sollten immer am gleichen Ort liegen. Wenn ihr in unterschiedlichen Systemen arbeitet, kann es sinnvoll sein, Informationen von Typ A in einem System, Unterlagen von Typ B in einem anderen System abzulegen. Und manchmal kann es passender sein, alle in einem System abzulegen. In vielen Fällen werden Informationen über ein System bereitgestellt, das ihr nicht beeinflussen könnt. Gleich welche Rahmenbedingungen es gibt, wichtig ist es, dass jede Art von Information an einem zentralen, digitalen Ort liegt.

Nur einmal ablegen

Manchmal ist es verlockend, eine Information an mehreren Orten abzulegen. Dadurch ist sie vermeintlich schneller im Zugriff. Gleichzeitig erhöht sich das Risiko, dass ihr in unterschiedlichen oder veralteten Versionen arbeitet.

Statt eine Version zu vervielfachen, kann es hilfreich sein, mit Verknüpfungen und Links zu arbeiten. Gerade wenn es darum geht, eure hybride Team-Zentrale aufzubauen, empfiehlt es sich sogar. Dann ist sie der Ausgangspunkt für alles.

Aus unserem Thinktank

Beim Schreiben dieses Buchs haben wir insgesamt fünf verschiedene Systeme im Einsatz gehabt. Auch wenn wir in einem Textverarbeitungsprogramm geschrieben haben, war ein Trello-Task-

board unsere digitale Zentrale. Neben unseren To-dos und offenen Punkten gab es hier eine Karte, in der alle relevanten Links rund um das Buch abgelegt waren. So konnten wir ohne lange zu suchen direkt zur aktuellen Version des Buchmanuskripts springen. Wir wussten, auf welchem digitalen Whiteboard wir unsere Skizzen und Entwürfe erstellen.

Ordnerstruktur versus Taggen und Suchen

Viele Teams haben jahrelang mit Laufwerken und Ordnerstrukturen gearbeitet. Teilweise hat sich ein ausgeklügeltes System entwickelt. Dem gegenüber stehen Lösungen, in denen es gar keine Ordnerstrukturen mehr gibt, in denen nur über die Suche gearbeitet wird (gegebenenfalls ergänzt um entsprechende Tags, also kleine Markierungen, die signalisieren, dass ein Dokument zu einem bestimmten Thema gehört).

Ein paar Gedanken, zum Wechsel von einer Ordnerstruktur hin zu einer suchorientierten Ablage oder beim Optimieren vorhandener Lösungen:

- Während Dokumente nur in einem Ordner liegen können, kann ein Dokument mehrere Tags gleichzeitig haben.
- Detaillierte Ordnerstrukturen sind meist nur für wenige Menschen eindeutig und klar verständlich – je mehr Menschen eine Struktur nutzen, desto weniger verschachtelt sollte sie sein.
- Das Bedürfnis nach Struktur und Ordnung ist bei Teammitgliedern unterschiedlich: Es gibt Menschen, die brauchen weniger und es gibt Menschen, die brauchen mehr Struktur. Es lohnt sich, Zeit zu investieren in eine konsensfähige Lösung.

Kreative Lösungen sind gut – Werkzeuge verbiegen nicht

Jedes Werkzeug hat seine speziellen Funktionen. Beim Wechsel von Werkzeugen erleben wir oft den Versuch, im neuen Werkzeug die alte Welt abzubilden. Das ist verständlich und natürlich, denn schließlich wurde jahrelang erfolgreich in einem bestimmten Muster gearbeitet. Oftmals entstehen so sehr kreative Lösungen. So wirklich schlau ist ein derartiges Vorgehen nicht.

Ein Werkzeug zu verbiegen und sich nicht der eigentlich dahinterliegenden Arbeitsphilosophie anzupassen, kann mittelfristig zu Problemen und viel Frustration führen.

Insbesondere wenn es größere Updates der Software gibt, kann es sein, dass die kreative Interpretation der Funktionen nicht mehr funktioniert und ihr mühsam von vorne beginnen müsst.

Meetingstruktur: Produktive Meetings unabhängig von Ort und Zeit

Gute Meetings helfen, gute Ergebnisse zu erzielen. Was gute Meetings wiederum unterstützt, sind Meetingstrukturen – sowohl mit Blick auf einzelne Meetings als auch auf die gesamte Meetinglandschaft.

Das Meeting-Taschenmesser

Struktur eines einzelnen Meetings

In Abhängigkeit von Inhalt und Kontext gibt es verschiedene Möglichkeiten, ein Meeting zu strukturieren. Die Struktur eines Meetings zeigt sich in der Agenda. In diesem Buch stellen wir dir eine Grundstruktur vor: das Taschenmesser der Meetingstrukturen. Warum nur eine Struktur? Die meisten Menschen, mit denen wir sprechen, haben keine Zeit (oder Lust), Meetings vorzubereiten. Dann noch zwischen mehreren Strukturen wählen zu müssen, steigert die Motivation nicht. Deshalb gibt es hier genau eine. Eine, die du immer anwenden kannst und mit der du automatisch viel richtig machst und zum Gelingen des Meetings beiträgst. Und die so einfach ist, dass sie sich schnell etabliert.

Die Zeit, die du einmal in eine gute Meetingstruktur steckst, sparst du und mit dir jede:r Teilnehmende um ein Vielfaches mit jedem einzelnen Meeting.

In den meisten Fällen nicken alle Teilnehmenden, denen wir das Taschenmesser vorstellen. Es ist selbstverständlich. Manchmal werden wir sogar gefragt, warum wir solche Banalitäten im Training vermitteln. Eine ehrliche Analyse der eigenen Meetings führt meistens zu der Erkenntnis: Auch wenn es allen bekannt ist, setzen es nur die wenigsten um. Selbst wenn ebenfalls bekannt ist, dass Veränderung nur durch Machen kommt.

Ankommen

Bei diesem ersten Agenda-Punkt geht es darum, allen die Möglichkeit zu geben, im Termin anzukommen und die Teilnehmenden miteinander in Verbindung zu bringen. Je nach Präferenz kann dies bereits themenbezogen sein oder eher persönlicher Art.

Ziel des Termins

Dieser Punkt ist für den Meetingerfolg zentral. Ein klares Ziel sorgt dafür, dass alle ihre Energie und ihren Fokus auf das gleiche Thema richten können. Das kann in unter einer Minute funktionieren, indem der Moderierende das Ziel und die Agenda einfach mitteilt (kann auch zusätzlich im Rahmen der Einladung erfolgen). Ergänzend kannst du auch die Erwartungen eines jeden einzelnen abfragen und so eventuellen Enttäuschungen vorbeugen.

Herzstück

Im Kern des Meetings stehen die Inhalte, Herausforderungen und Fragen, weshalb ihr euch überhaupt trefft. Hier hängt ein passender Rahmen ganz entscheidend davon ab, was ihr im Termin erreichen wollt. Die gängigsten Inhalte sind:

- Informationsaustausch,
- Diskussion (siehe »Moderationsmethoden« ab Seite 71),
- Entscheidung (siehe »Entscheidungsmethoden« ab Seite 106),
- Feedback (siehe »Feedbackmethoden« ab Seite 116).

Weitere Details findest du in Kapitel 5.

Abschluss

Die letzten zehn Prozent der Meetingzeit gehören dem Abschluss. Dazu gehört:

- Die Themen inhaltlich abschließen,
- ein gemeinsames Verständnis über das Besprochene herstellen,
- gegebenenfalls weitere Schritte und To-dos inklusive Verantwortlichkeiten abstimmen,
- Feedback und Verbesserungsvorschläge einholen.

Und jetzt? Ein guter erster Schritt kann sein, im Team zu vereinbaren, dass ihr immer mit dem Punkt Ankommen startet und mit einem wirklichen Abschluss endet. Daneben solltet ihr noch klären, wer sich für diese Punkte verantwortlich sieht.

Ihr könnt euch das Taschenmesser an die Wand hängen oder als virtuellen Hintergrund im Online-Meeting verwenden.

Downloadtipp

Im Downloadbereich dieses Buches findest du ein Meeting-Taschenmesser-Template zur einfachen Strukturierung deiner Meetings.

Wenn ihr mit Ankommen und Abschluss gute Erfahrungen gemacht und diese beiden Strukturelemente über kontinuierliches Feedback weiterentwickelt habt, könnt ihr gemeinsam überlegen, inwieweit es gut und hilfreich ist, auch die eigentlichen Inhaltsblöcke noch weiter zu strukturieren. Oder ob es reicht, dies individuell zu gestalten.

Meetingstruktur auf Wochen-/Monatssicht

Nicht nur Meetings an sich können und sollten eine gute Struktur haben, auch eure Meetinglandschaft. Die Meetinglandschaft beschreibt die Summe aller Meetings, die ihr regelmäßig habt.

Teamrunden, Jour-Fixe, Akquise-Gespräche, Beratungstermine, Entscheidungsrunden ... je nachdem, in was für einem Umfeld du unterwegs bist, kann es sein, dass schon fünfzig Prozent deines Kalenders mit Standard-Terminen voll ist.

Um zu einer guten, ganzheitlichen Meetingstruktur zu kommen, sind folgende Schritte lohnend:

- Sammeln aller Tätigkeiten, Themen und Anwendungsfälle, bei denen Austausch mindestens hilfreich, wenn nicht essenziell ist.
- Einteilung der Themen in zwei Bereiche:
  Asynchron: Kann auch außerhalb von synchronen Meetings gut bearbeitet werden. Erfahrungsgemäß können zwanzig bis fünfzig Prozent der Inhalte genauso gut, wenn nicht sogar besser asynchron bearbeitet werden.
  Synchron: Für welche Anwendungsfälle möchtet ihr euch gemeinsame Zeit im Kalender blocken?
- Strukturen aufbauen, die für eure asynchrone Arbeit hilfreich sind. Benötigt ihr einen neuen Microsoft Teams-Channel oder eine neue Spalte in einem Taskboard? Fehlt ein Tool, in dem ihr eine bestimmte Tätigkeit absolviert?
- Alle Themen, die ihr regelmäßig synchron bearbeiten möchtet, sammeln. Und dann entscheiden, welche Themen sinnvoll in einem Termin gebündelt werden können und für welche es sich lohnt, lieber einen eigenen Termin zu vereinbaren.
- Einladungen verschicken.
- Nach vier Wochen wieder darauf schauen.

Aus Sonjas Praxis

Ich war Teil eines Teams, in dem wir sowohl strategisch als auch operativ gearbeitet haben. Regelmäßig kamen so viele operative Aufgaben herein, dass wir die strategischen zu Gunsten der operativen, lauten und dringenden Themen nach hinten geschoben haben. Das funktionierte für einen kurzen Zeitraum, aber nicht auf Dauer. Erst als wir angefangen haben, einen wöchentlichen Termin mit dem Titel #wichtig und einen mit dem Titel #dringend einzustellen, hat es sich geändert. Wir haben uns strikt darangehalten und es durch diese Struktur nicht nur geschafft, den wichtigen Themen Raum zu geben, sondern auch, die operativen schneller abzuarbeiten.

3.4 Modul 4: Methoden – Ansätze für mehr Augenhöhe und Kreativität im Miteinander

Damit hybride Teams mehr erreichen können, ist Gestaltung gefragt. Es braucht Menschen, die bereit sind, dafür Verantwortung zu übernehmen. Für das Gelingen von Meetings genauso wie für das Treffen von Entscheidungen. Die meisten Meetings laufen einfach irgendwie. Es gibt viel freie Diskussion, bei der einfach jede:r so oft, so lange und so viel redet, wie er oder sie es für richtig hält. Dominiert werden die Runden oft von einigen wenigen. Nur weil die freie Diskussion so weit verbreitet ist und viele gar keine anderen Meetings kennen, heißt es nicht, dass es die beste Möglichkeit ist. Zielführender und kreativer ist es, durch die Anwendung verschiedener, zur Aufgabenstellung passenden Methoden einen Rahmen zu geben, in dem tragfähige Ergebnisse entstehen. Damit das gelingt, braucht es jemanden, der die Rolle des Moderierenden übernimmt.

Zu Moderieren bedeutet, Verantwortung zu übernehmen für das Gelingen eines Meetings.

Die folgenden Methoden unterstützen dich in der Rolle des Moderierenden. Sie versetzen dich in die Lage, das Meeting immer wieder zu fokussieren. Dafür zu sorgen, dass alle partizipieren können. Sie beschreiben, wie ihr Inhalte einfach visualisieren und gemeinsam reflektieren könnt. All diese Praktiken sind auch Bestandteil der hybriden Team-Formel (siehe Kapitel »Die hybride Team-Formel« ab Seite 169).

Es sind einfache, aber wirkungsvolle Methoden. Methoden, die wir regelmäßig anwenden und die für uns so normal geworden sind wie ein Hallo zur Begrüßung. Schlicht und einfach, weil wir sie täglich anwenden.

Die Methoden lassen sich in die folgenden drei Kategorien einteilen:

Moderationsmethoden ebnen den Weg zum Ziel, ermöglichen Partizipation und sorgen für kreativere Lösungen.

Entscheidungsmethoden ermöglichen, dass Entscheidungen transparent und partizipativ getroffen werden, ohne endlose Diskussionen vorab.

Feedbackmethoden erleichtern es, Feedback als das wichtigste Instrument für kontinuierliches Lernen in der alltäglichen Kultur zu verankern.

Situativ passend eingesetzt in Meetings, helfen die Methoden, ein gestecktes Ziel schneller und besser zu erreichen. Sie funktionieren für jedes Meetingformat, egal ob vor Ort, online oder hybrid. Einzig die Ausführung variiert. Am besten arbeiten lässt sich mit Methoden, wenn sie als guter Vorschlag gesehen werden, ohne dass jede einzelne Vorgabe einzuhalten ist. Mit der Zeit entwickelst du ein Gefühl dafür, was für welchen Rahmen passend ist. Mit wachsender Souveränität fällt es leichter, den empfohlenen Ablauf situativ anzupassen.

Wenn die Feedbackmethode zum Beispiel empfiehlt, sich dafür mindestens eine Stunde Zeit zu nehmen, die Stimmung aber unerwartet in einem Meeting hochkocht, dann entscheide situationsbedingt. Im Zweifel ist es dann hilfreicher, die Methode kürzer anzuwenden oder anzupassen, anstatt gar nichts zu machen. Dein Bauchgefühl ist in solchen Situationen ein guter Ratgeber.

Moderationsmethoden: Gleichberechtigt austauschen

Gute Zusammenarbeit in Meetings lebt von Interaktion, Präsenz und gleichberechtigter Teilhabe. Je größer die Gruppe, desto herausfordernder wird es, alle aufmerksam und zu gleichen Teilen an Bord zu halten.

Ohne Moderationsmethoden besteht schnell die Gefahr, dass die Lauten die Gespräche dominieren und sich die Leisen mit ihren guten Ideen zurückhalten.

Die folgenden Methoden dienen dazu, möglichst alle zu Wort kommen zu lassen und wertvolle Dialog zu erleichtern. Zudem sind sie weitgehend zeit- und ortsunabhängig einsetzbar.

Wir stellen euch die Moderationsmethoden in drei Kategorien vor:

- Gute Rahmenbedingungen schaffen,
- Partizipation fördern,
- Kreativität herauskitzeln.

Moderationsmethoden

Gute Rahmenbedingungen schaffen

1. 5-Finger-Meeting-Vorbereitung
2. Vorabfrage
3. Meetingprinzipien
4. Moderationsrollen aufteilen
5. Check-in
6. Check-out
7. Timeboxing

Partizipation fördern

1. Aufrufen
2. Popcorn
3. Breakouts
4. Post-it-Visualisierung
5. Stille
6. Chatwasserfall

Kreativität herauskitzeln

1. 1-2-4-All
2. Silent Brainstorming
3. Silent Clustering
4. Brainwriting
5. Kopfstandfrage

Entscheidungsmethoden

1. Delegation Poker
2. Abstimmen
3. Konsens
4. Konsent

Feedbackmethoden

1. Zwei Satzanfänge
2. Starfish-Retrospektive
3. 4L-Retrospektive
4. Aktives Zuhören
5. Elefantendialog

Alle vorgestellten Methoden auf einen Blick

5-Finger-Meeting-Vorbereitung Viel Fokus mit wenig Vorbereitungszeit	
Moderationsmethode	**Gute Rahmenbedingungen schaffen**

Warum?

Von allein wird ein Meeting nicht gut. Es braucht jemanden, der bereit ist, etwas Zeit und Energie in die Vorbereitung zu investieren. In der Praxis folgt oft ein Meeting auf das andere, sodass für eine aufwendige Vorbereitung einfach keine Zeit bleibt.

Durch die 5-Finger-Meeting-Vorbereitung

- kann vorab mithilfe von fünf einfachen Fragenkategorien das Meeting schnell vorbereitet werden,
- wird es für alle Teilnehmenden im Meeting leichter, sich auf die entscheidenden Inhalte zu konzentrieren,
- können Agendapunkte unter Umständen asynchron bearbeitet werden, sodass insgesamt weniger und dafür bessere Meetings möglich werden.

Wie?

Als Moderierende:r planst und gestaltest du das Meeting vorweg anhand der folgenden fünf einfachen Fragenkategorien:

1. Warum (Sinn und Zweck)?

- Warum dieses Meeting?
- Was soll als greifbares Ergebnis herauskommen?

2. Was (Inhalte)?

- An welchen Themen soll gearbeitet werden?
- Welche Fragen sollen geklärt werden?

3. Wie (Werkzeuge und Methoden)?

- Wie kommen wir zusammen (über welche Kanäle)?
- Welche Werkzeuge kommen zum Einsatz?
- Welche Methoden sind hilfreich?
- Wie sollen die Ergebnisse dokumentiert werden?

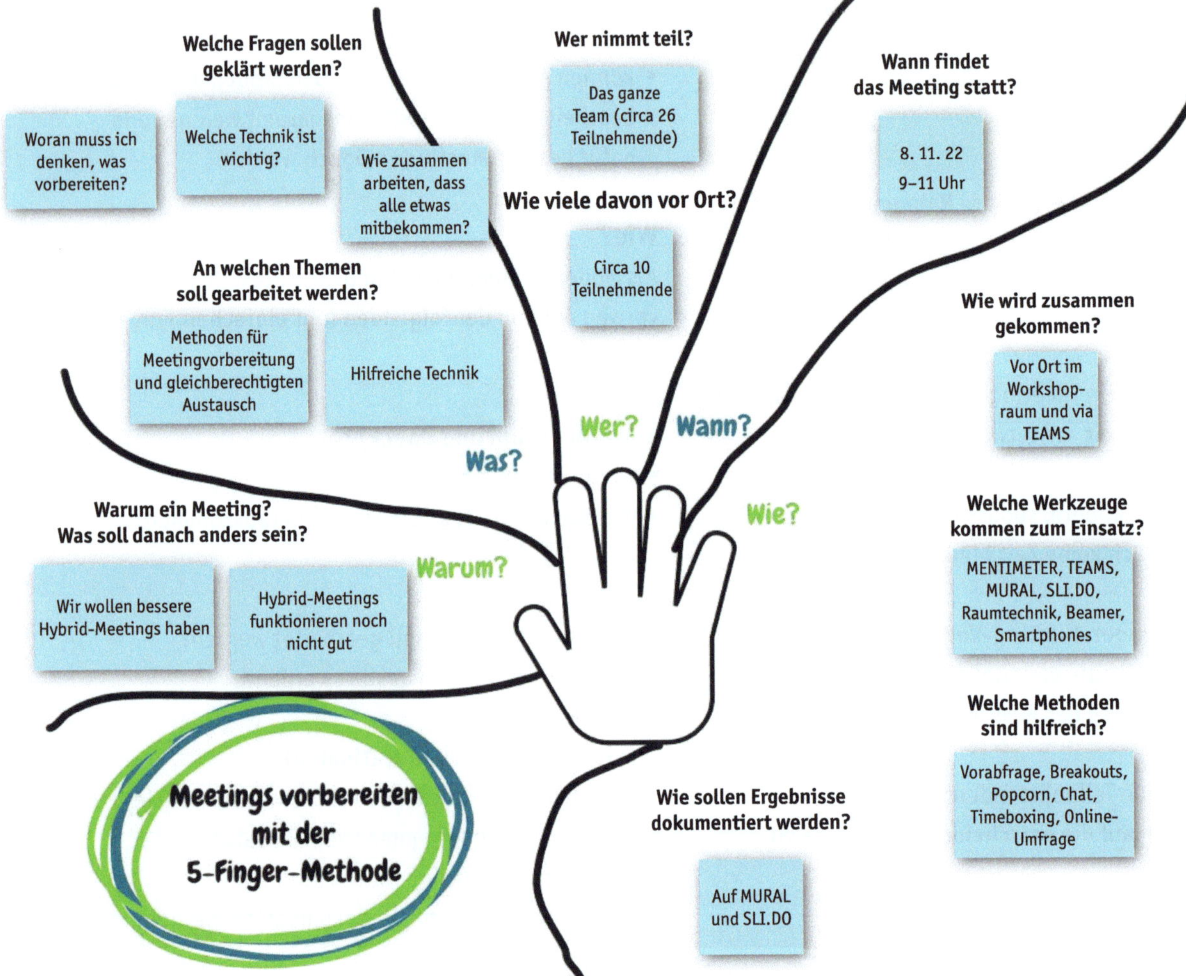

Beispiel einer Meetingvorbereitung mit der 5-Finger-Methode

4. Wer (Teilnehmende)?

- Wer nimmt teil?
- Von welchem Ort (online, vor Ort)?

5. Wann (Zeitpunkt)?

- Wann findet das Meeting statt?
- Gibt es Pausen?

Achtung!

Meetings vorzubereiten kann viel Zeit beanspruchen, wenn es mit dem Anspruch erfolgt, alles Unvorhersehbare vorauszuplanen. Das ist weder nötig noch sinnvoll. Hier hilft eine gesunde Spur Pragmatismus. Es ist für alle Beteiligten enorm zeit- und energiesparend, wenn es ein Grundgerüst für das Meeting gibt, das gleichzeitig auch noch Raum für situative Anpassungen lässt.

Da in der Praxis Meetings sehr selten vorbereitet werden, außer dass eine Kalendereinladung samt Link versendet wird, ist eigentlich jede Vorbereitung, und seien es nur fünf investierte Minuten, besser als keine. Sie trägt entscheidend dazu bei, dass weniger und dafür bessere Meetings möglich werden.

Downloadtipp

Im Downloadbereich findest du ein 5-Finger-Template ebenso wie bei den offiziellen Conceptboard-Templates.

Warum?

Viel Redezeit in Meetings wird damit verbracht, sich erst mal einen Überblick zu verschaffen. Sei es über das eigentliche Ziel im Meeting, die Erwartungen an das Meeting oder die Perspektiven zu einer bestimmten Thematik.

Durch eine Vorabfrage

- entstehen Fokus und Klarheit schon vor dem Meeting, sodass im Meeting mehr Zeit für produktiven Austausch bleibt;
- hat jede:r die Gelegenheit, sich in Ruhe Gedanken zu machen und zu beteiligen;
- wird es möglich, die Diskussion mit einem ersten Meinungsüberblick zu starten;
- werden sowohl Gemeinsamkeiten als auch Unterschiede der Perspektiven der Teilnehmenden vorab deutlich und es bleibt Zeit, zu überlegen, wie damit gut umgegangen werden kann;
- lassen sich einzelne Agendapunkte aus dem Meeting sogar auslagern, indem Meinungen und Ideen vorab eingeholt werden.

Wie?

- Als Moderierende:r lässt du den Teilnehmenden des Meetings vorab zwei bis drei Fragen zur Beantwortung zukommen, zum Beispiel: Welches Thema sollten wir auf jeden Fall besprechen? Auf welches Thema kannst du gut verzichten im Meeting? Welche Ideen hast du zum Thema xy?
- Nutze möglichst einen Weg, der wenig Zeit kostet, weder für die Beantwortung der Fragen durch die Teilnehmenden noch für die Auswertung der Antworten durch dich.
- Geeignete digitale, zentralisierte Methoden und Werkzeuge: Eine Karte auf dem Taskboard (siehe Kapitel »Das Taskboard: Transparenz schaffen über Aufgaben«, Seite 44 ff.). Eine kurze Abfrage über ein Umfragewerkzeug wie Mentimeter oder Slido. Eine Umfrage über Microsoft Forms oder Google Forms.

Achtung!

Manchmal werden Bedenken geäußert, ob es eine gute Idee ist, Erwartungen abzufragen, weil diese ja ganz unterschiedlich sein können. Egal, ob du sie abfragst oder nicht, sie sind in jedem Falle da. Wenn du sie kennst, hast du die Chance, sie zu managen. Der Vorteil der Vorabfrage besteht darin, dass die Herausforderung bereits vor dem Meeting klarer wird und du so mehr Zeit hast, zu überlegen, wie du mit den Unterschiedlichkeiten umgehen kannst. Manchmal kann es auch im Meeting erleichternd sein, die Gegensätze sofort zu erkennen, ohne dass vorher fruchtlose Diskussionen geführt werden müssen. Dann kann vor der Diskussion ums Thema gemeinsam überlegt werden, wie miteinander gesprochen werden kann, damit die einzelnen Positionen verständlicher werden und es Raum zur Annäherung gibt.

Was sollte auf keinen Fall passieren während des Meetings?

- Rückzug auf alte, eingefahrene Positionen
- Dass Ideen nur Ideen bleiben
- Dass es es keinen Kaffee mehr gibt ☕
- Schuldzuweisungen und zu viel Zeit für Vergangenheitsbewältigung
- Kein Fokus auf die wesentlichen Fragen
- Über Lösungen sprechen, bevor wir das Problem verstanden haben
- Langes Reden ohne Ergebnis
- Dass immer nur die gleichen reden
- Bitte nicht wieder nur verheddern in den immer gleichen Diskussionen

Beispiel einer Meetingvorabfrage mit Mentimeter

Meetingprinzipien Eine gute gemeinsame Arbeitsbasis herstellen	
Moderationsmethode	**Gute Rahmenbedingungen schaffen**

Warum?

Im Meeting werden üblicherweise sofort die fachlichen Themen besprochen. Der Rahmen wird nicht geklärt. Das führt dann schnell dazu, dass Kleinigkeiten anfangen, Gesprächsflüsse zu stören. Nicht enden wollende Redebeiträge. Kameras, die aus bleiben. Mikrofone, die auch bei Hintergrundgeräuschen an bleiben.

Durch Meetingprinzipien

- lässt sich einfach vereinbaren, wie jede:r dazu beitragen kann, dass im Meeting effektiv zusammengearbeitet wird;
- können Störungen vorweggenommen werden, was dazu führt, dass sie viel weniger auftreten;
- werden unter Umständen unterschiedliche Sichtweisen auf den passenden Rahmen klar und können besprochen werden, bevor es an die eigentlichen fachlichen Themen geht.

Wie?

- Als Team könnt ihr euch entweder die Zeit nehmen, einmal grundsätzliche Prinzipien für Meetings zu vereinbaren, oder ihr vereinbart sie jeweils am Anfang des Meetings.
- Reflektiert zur Erarbeitung der Prinzipien, was in der Vergangenheit dazu beigetragen hat, dass Meetings effektiv waren – und was genau das verhindert hat, falls es zum Beispiel regelmäßig zu lange Redebeiträge gibt, könnte ein Prinzip lauten: Maximal zwei Minuten Redezeit pro Wortbeitrag.
- Visualisiere als Moderierende:r die Prinzipien zu Beginn eines Meetings, sodass sie ins Bewusstsein gelangen und du oder jemand aus dem Team bei Bedarf darauf verweisen kann, wenn sich jemand nicht an eine der Vereinbarungen hält.

- Je nach Meetingformat können unterschiedliche Prinzipien Sinn ergeben, da ein Hybrid-Meeting zum Beispiel mehr Vereinbarungen zur Handhabung der Technik braucht als ein Vor-Ort-Meeting.

Achtung!

Die Zeit in Meetings ist meistens knapp und daher die Versuchung groß, sich schnell auf das Was (die fachlichen Themen) zu stürzen und das Wie der Zusammenarbeit sich irgendwie entwickeln zu lassen. An dieser Stelle ist die Zeit auf jeden Fall gut in die Vereinbarung von Prinzipien investiert, da es dadurch weniger Reibungen gibt und die fachlichen Diskussionen fruchtbarer sein werden.

Wie es heute ein gutes Hybridmeeting wird:

...vor Ort Mikro und Lautsprecher bitte aus und möglichst keine Seitengespräche

...nutzt Remote am besten Kopfhörer, Ton an/aus mit Bedacht

...lasst die Kamera an (sofern angenehm) und bleibt präsent

...beteiligt euch – vorher bitte melden

...tragt dazu bei, dass sich alle gleichberechtigt einbringen können

...meldet euch wenn etwas nicht passt / passt :-)

...habt Geduld und bleibt gelassen, irgendetwas wird in JEDEM Fall schiefgehen :-)

Zu vergebene Rollen heute:
+ Handwächter:in
+ Energiewächter:in
+ Remote-Moderator:in

Beispiel für Meetingprinzipien

Moderationsrollen aufteilen

(Hybrid) zu moderieren gelingt viel besser im Team

Moderationsmethode	Gute Rahmenbedingungen schaffen

Warum?

Ein Meeting zu moderieren ist herausfordernd. Die vielen Dimensionen – fachlich/menschlich/technisch – auszubalancieren erfordert Know-how und Aufmerksamkeit. Alles allein zu machen, kann leicht überfordern und dazu beitragen, dass Meetings ergebnislos bleiben.

Durch das Aufteilen von Moderationsrollen

- ist die Komplexität der einzelnen Aufgaben einfacher zu bewältigen,
- ist die Chance größer, dass sowohl die Qualität der Ergebnisse als auch die der Zusammenarbeit steigt,
- werden die Teilnehmenden aktiviert,
- lässt sich gut üben, Verantwortung zu teilen,
- entsteht wie nebenbei mehr Wirgefühl.

Wie?

- Klärt zu Beginn des Meetings (oder schon vorab) die unterschiedlichen Rollen samt Aufgabe und Mehrwert und einigt euch, wer welche Rolle übernimmt.
- Bei der Moderation eines Online-Meetings kann folgende Rollenaufteilung helfen: **Inhaltliche Moderation** sorgt für Fokus, Struktur und Rahmen. **Technische Moderation** sorgt für Unterstützung bei der Technik, zum Beispiel durch Anlegen von Breakouts oder Posten von Links im Chat.
- Bei der Moderation eines Hybrid-Meetings kann die Verteilung folgender zusätzlicher Rollen sinnvoll sein: **Zeitwächter:in** sorgt dafür, die Zeit im Blick zu behalten. **Energiewächter:in** sorgt dafür, dass genügend Pausen gemacht werden. **Dokumentierer:in** sorgt dafür, dass wichtige Ergebnisse auch festgehalten werden, idealerweise direkt für alle sichtbar im Meeting. **Handwächter:in** sorgt dafür, dass keine Handmeldung übersehen wird.

Achtung!
Rollen abzugeben wie auch zu übernehmen, führt viele aus der Komfortzone, da sie Sorge haben, etwas falsch zu machen. Betone als Moderierende:r einfach, dass Fehler machen dabei willkommen ist. Das Check-out kann dazu dienen, den Nutzen der Rollenaufteilung zu reflektieren.

Ein ehrliches Danke am Ende des Meetings ist auch eine motivierende Rückmeldung denen gegenüber, die Mit-Verantwortung für das Meeting übernommen haben. Die Rollenübernahme ist also eine konkrete Möglichkeit, die Selbstverantwortung im Team zu fördern.

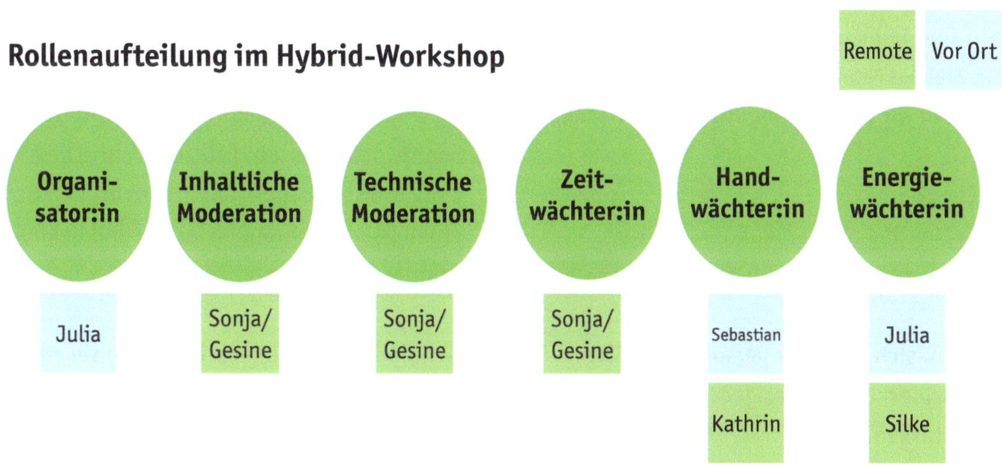

Beispiel einer Rollenaufteilung in der Moderation

Check-in Zu Beginn des Meetings virtuell die Hände schütteln	
Moderationsmethode	**Gute Rahmenbedingungen schaffen**

Warum?

Ohne Check-in sind Teilnehmende mit dem Kopf oft noch woanders, das Ziel des Meetings ist unklar und es fehlt der Chemie-Check, den wir vor Ort ganz unbewusst machen.

Durch einen Check-in

- bekommt ein Meeting einen fokussierten Start,
- wird es leichter, im Termin und in den Themen anzukommen,
- wird es möglich, sich auf einer persönlichen Ebene besser kennenzulernen und das gegenseitige Vertrauen zu stärken,
- können Erwartungen und Ziele schneller geklärt werden,
- bekommt jede:r die Chance, bereits zu Beginn etwas zu sagen.

Wie?

- Bei kleinen Gruppen (bis circa acht bis zehn) ein bis zwei Fragen vorformulieren und der Reihe nach mündlich beantworten lassen, Zeitbedarf pro Person circa eine Minute.
- Bei größeren Gruppen (mehr als zehn Personen) Fragen vorformulieren und über den Chat, ein Umfragetool oder das virtuelle Whiteboard beantworten lassen. Falls es wichtig erscheint, dass trotz großer Gruppe jede:r spricht, den Beitrag auf einen Satz beschränken lassen und bei Bedarf daran erinnern.

Lebendiger werden Check-ins, wenn sie mit Bewegungen kombiniert werden, du kannst zum Beispiel den Energielevel oder die Stimmung mit Gesten visualisieren lassen oder Smileys auf Post-its zeichnen lassen (können online in die Kamera gehalten werden).

Kreative Einstiegsfragen und Check-in Ideen: »https://digitaler-stuhlkreis.de/checkin« und »https://www.checkin-generator.de«

Bewährte Check-in Fragen:

- Was ist dir wichtig für diesen Termin?
- Was muss passieren, damit das für dich ein gutes Meeting wird?
- Was war dein letzter Aha-Moment? Was hast du gelernt?
- Stell dir vor, du hast von jetzt auf gleich einen freien Tag ohne Verpflichtungen. Wie sieht dein Tag aus?

Achtung!

Check-ins stoßen in leistungsorientierten Organisationskulturen eventuell auf Widerstand. In diesem Fall kann es hilfreich sein, Bedenken zu hinterfragen und deutlich zu machen, dass diese Methode dafür sorgen kann, bessere Ergebnisse in Meetings zu erreichen durch mehr Fokus und gegenseitiges Verständnis. Startet in diesen Fällen zunächst mit schnellen, niedrigschwelligen Check-ins und lasst zum Beispiel nur schnell eine Frage im Chat beantworten, anstatt auf längere Einstiegsrunden zu setzen. Hilfreich kann es auch sein, einfach die Frage und den Auftrag zu formulieren, ohne es überhaupt Check-in zu nennen.

Manchmal hilft auch der Hinweis, dass gerade High-performance-Teams regelmäßig in die Stärkung der nicht fachlichen Beziehung investieren.[10]

Check-out Das bewusste Zurück- und Vorausschauen am Ende eines Meetings	
Moderationsmethode	**Gute Rahmenbedingungen schaffen**

Warum?

Wenn es gut läuft, entstehen in Meetings neue Lösungen und Wege. Ohne bewussten Abschluss bleibt aber oft unklar, welches die wichtigsten Ergebnisse waren und wie es damit weitergeht. Hinzu kommt, dass die Meetingqualität, ohne kurz zurückzuschauen auf das, was funktioniert hat und das, was nicht gut funktioniert hat, wahrscheinlich auch beim nächsten Meeting nicht besser wird.

Durch einen Check-out

- finden Meetings einen bewussten Abschluss,
- lassen sich wichtige Erkenntnisse, Ergebnisse, nächste Schritte und Verantwortlichkeiten konkretisieren und festhalten,
- lässt sich Feedback zur Gestaltung und Atmosphäre des Meetings einholen und für die Weiterentwicklung der Zusammenarbeit nutzen.

Wie?

- In der Meetingagenda zum Schluss ein paar Minuten für den Check-out reservieren.
- Ein bis drei Fragen vorformulieren und mündlich (Zeitbedarf circa ein bis zwei Minuten pro Teilnehmendem), per Chat, per Post-it oder per Online-Umfragetool beantworten lassen.
- Für tiefere Erkenntnisse lassen sich Check-outs auch gut mit Retrospektive Methoden wie dem Starfish umsetzen (ab Seite 118 beschrieben).

Bewährte Check-out Fragen:

- Was hast du heute erkannt?
- Was hat dich heute positiv überrascht?
- Auf einer Skala von 1 bis 5: Wie zufrieden bist du heute mit den Ergebnissen/mit der Zusammenarbeit im Meeting (5 = sehr zufrieden)?
- Was nimmst du heute mit? Male es auf ein Post-it (und halte es in die Kamera).
- Was sollten wir beim nächsten Mal genauso machen/ ganz anders machen?
- Was wirst du in den nächsten vierundzwanzig Stunden tun, um das Besprochene umzusetzen?

Mehr kreative Fragen und Gestaltungsideen: »https://digitaler-stuhlkreis.de/checkout« und »https://www.checkin-generator.de«

Achtung!

Selten gibt es Zeitpuffer in Meetings und die Zeit reicht kaum zum Bearbeiten aller Themen auf der Agenda. So fällt der Check-out schnell zugunsten eines anderen Themas von der Agenda. Wir empfehlen, mindestens einen kurzen Check-out umzusetzen, zum Beispiel nur eine Frage schnell im Chat beantworten zu lassen. Diese investierten fünf Minuten können dazu beitragen, im nächsten Meeting viel Zeit zu sparen.

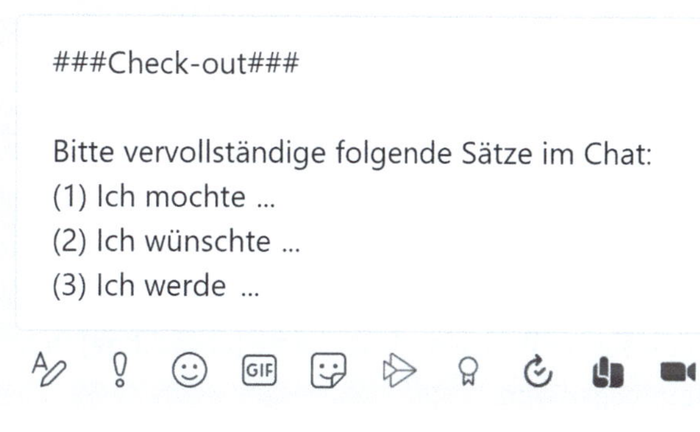

Beispiel für einen Chat-Check-out

Downloadtipp:

Im Downloadbereich dieses Buches findest du eine Sammlung guter Check-in- und Check-out-Fragen.

Timeboxing In weniger Zeit mehr erreichen	
Moderationsmethode	**Gute Rahmenbedingungen schaffen**

Warum?

Arbeit dehnt sich in genau dem Maß aus, wie Zeit für ihre Erledigung zur Verfügung steht (Parkinson'sches Gesetz: Arbeit lässt sich wie Gummi dehnen, um die Zeit auszufüllen, die für sie zur Verfügung steht.[11]). Ohne Zeitbegrenzung fasern Diskussionen in Meetings oft unnötig aus, weil auch noch das letzte (unwichtige) Detail besprochen wird.

Durch Timeboxing

- bekommen Gedankengänge und Diskussionen mehr Fokus,
- werden Komplexität und der Hang zum Perfektionismus reduziert (better done than perfect),
- kommen die Teilnehmenden eines Meetings schneller ins Tun,
- bekommt ein Thema bewusst die Zeit, die es dem Team wert ist.

Wie?

- Zu jeder Fragestellung (Arbeitsauftrag oder Diskussion) ein klares Zeitfenster (in Minuten bemessen) kommunizieren.
- Die Größe des Zeitfensters mit Bedacht wählen, idealerweise ist es nicht zu kurz, aber eben auch nicht zu lang, im Zweifel lieber ein kürzeres wählen und dann bei Bedarf noch einmal verlängern.
- Gute Orientierung kann die Antwort auf die Frage geben »Wie viel Zeit ist uns diese Frage wert?«
- Sichtbare Timeboxen helfen, sich an die Vorgabe zu halten. Dafür in Breakouts die verbleibende Zeit einblenden lassen (funktioniert zum Beispiel gut in Zoom, Webex und Teams) oder virtuelle Timer nutzen wie zum Beispiel »https://www.bigtimer.net«, im Vor-Ort-Meeting einen physischen Timer nutzen.

- Mindestens die Endzeit kommunizieren (»Wir arbeiten weiter mit euren Ergebnissen um 10.25 Uhr«).
- Insbesondere bei Timeboxen, die nicht verlängert werden können, zum Beispiel, weil das Meeting bald vorbei ist und vorher Ergebnisse unbedingt noch festgehalten werden sollen, kann eine freundliche Erinnerung nach der Hälfte der Zeit und kurz vor Ende des Zeitfensters helfen, die Teilnehmenden weiter zu fokussieren.

Ein Beispiel

»Für die Diskussion dieser Frage nehmen wir uns jetzt zehn Minuten Zeit, bis 15:45 Uhr.«

Achtung!

Eine gute Moderation kommt nicht ohne Zeitfenster aus, da Diskussionen und die Bearbeitung von Aufgaben sonst ausufern. Ist die Taktung zu eng und es gibt zwischendurch keine kleinen Erholungsphasen, kann das für zu viel Stress sorgen und der gewünschte Effekt der Konzentrationssteigerung verpufft. Es ist hilfreich, wenn sich Arbeitsphasen mit engen Zeitfenstern und solche mit freierem Spielraum abwechseln. Da es für viele ungewohnt ist, mit Zeitfenstern zu arbeiten, ist es völlig normal, dass darüber erst mal gestöhnt wird. Lasse dich als Moderierende:r davon bitte nicht abhalten.

Aufrufen

Die freundliche Einladung zur aktiven Beteiligung

Moderationsmethode	Partizipation fördern

Warum?

Die meisten finden es unangenehm in Meetings, wenn sich keine:r beteiligt und zu einer gestellten Frage nur geschwiegen wird. Besonders in Online- und Hybrid-Meetings kommt es häufig zu undefinierbarem Schweigen.

Durch das Aufrufen

- lassen sich bewusst auch Menschen beteiligen, die üblicherweise nicht als erste die Initiative ergreifen;
- erhalten Beiträge Raum, die ohne gezielte Aufforderung ungesagt blieben;
- lässt sich gezielter für gleichberechtigte Wortbeiträge sorgen;
- kann unangenehme Stille vermieden werden.

Wie?

- Zu einer konkreten Fragestellung oder im Laufe einer Diskussion gezielt eine:n Meetingteilnehmer:in freundlich beim Namen nennen und einladen, einen Beitrag zu leisten.
- Die Ausgeglichenheit der Redebeiträge im Blick behalten und diese Einladung gerade auch den stilleren Teilnehmenden unterbreiten.
- Alternativ eine Frage an alle richten, eine Minute stille Bedenkzeit geben und das Aufrufen ankündigen.

Ein Beispiel

»Martin, deine Meinung dazu würde mich interessieren.«
»Claudia, möchtest du noch einen Gedanken teilen? «

Achtung!

Aufrufen kann unter Umständen Widerstand auslösen. Sowohl bei dir als Moderierende:r (»Soll ich die Diskussion jetzt wirklich so sehr steuern?«) als auch bei den Aufgerufenen (»Das Letzte, was ich jetzt möchte, ist etwas beizutragen« oder »Ist ja wie früher in der Schule«). Den Aufgerufenen kann es helfen, das Aufrufen als Einladung auszusprechen und zu verdeutlichen, dass es völlig in Ordnung ist, jetzt nichts beizutragen. Und dir als Moderierendem kann es helfen, deinem Bauchgefühl zu folgen, das dir einen Hinweis gibt, wo noch etwas Wichtiges, aber Ungesagtes schlummert. Oft genug sind alle einfach froh darüber, dass Diskussionen im Fluss bleiben, deshalb kann sich dein Einsatz an dieser Stelle sehr lohnen.

Popcorn

Beiträge im Meeting poppen auf – die Frage ist nur »Wann bin ich wohl dran?«

Moderationsmethode	Partizipation fördern

Warum?

Oftmals übernehmen die lautstarken Kolleg:innen in Meetings das Reden. So gehen nicht nur viele gute Perspektiven und Ideen verloren, es wird auch schnell langweilig.

Durch die Popcorn-Methode

- bekommt jede:r die Chance, die eigene Meinung zu äußern;
- bleibt die Aufmerksamkeit der Teilnehmenden hoch, weil es spannend bleibt, wann wer dran ist und zudem Konzentration gefragt ist, um sich zu merken, wer schon alles dran war.

Wie?

- Kündige als Moderierende:r eine konkrete Fragestellung mündlich, per Chat oder per digitalem Whiteboard an.
- Im Anschluss kann eine Minute stille Bedenkzeit den Teilnehmenden helfen, ihre Gedanken zu sortieren.
- Rufe danach den ersten Teilnehmenden auf.
- Sobald dieser seinen Beitrag beendet hat, ruft sie/er einen nächsten Teilnehmenden nach freier Wahl auf.
- Wird so lange fortgeführt, bis alle einmal an der Reihe waren.

Ein Beispiel

»Stefan, willst du beginnen und suchst dir im Anschluss aus, wer weitermachen darf?«

»... und damit gebe ich weiter an ...«

»Ich übergebe an ...«

»Weitermachen darf ...«

»Der Ball geht an ...«

Achtung!
Nicht immer möchte jemand etwas beitragen. Wenn du von vorneherein die Option »Und wer nichts ergänzen möchte, darf schieben« mit einführst, nimmt dies den Druck, etwas sagen zu müssen.

Gerade wenn die Gruppe etwas größer ist, kann es herausfordernd sein, den Überblick darüber zu behalten, wer noch nicht dran war. Hier hilft es, mitzuschreiben, wer schon dran war, oder – viel einfacher – in die Runde zu fragen »Wer war noch nicht dran?«. Das ist entspannter, als jemanden aufzurufen, der schon dran war.

Breakouts

Intensive Gespräche in der kleinen Gruppe

Moderationsmethode	Partizipation fördern

Warum?
Je größer die Gruppe, desto weniger kann sich jede:r Einzelne beteiligen. Einige wenige reden, der Rest bleibt still. Im Online- und Hybrid-Meeting ermüdet es zudem besonders schnell, in großen Gruppen nur zum stillen Zuhören verdammt zu sein.

Durch Breakouts

- werden die Teilnehmenden in einem Meeting temporär in verschiedene kleine Gruppen aufgeteilt;
- entsteht innerhalb eines Meetings lebendigerer Austausch, als wenn nur in der ganzen Gruppe gesprochen wird;
- werden zu zweit oder zu dritt intensive Gespräche möglich, die mehr Tiefe und Nähe fördern;

- entstehen vielfältigere Ideen als in der einen großen Gruppe;
- werden online erfahrungsgemäß mehr Kameras angemacht.

Wie?

Die aus dem Vor-Ort-Meeting bekannte Kleingruppenarbeit wird im Online- und Hybrid-Meeting durch eine technische Aufteilungs-Funktion unterstützt, die fast alle gängigen Videokonferenzsysteme mitbringen.

Damit die Kleingruppe autark arbeiten kann, benötigt sie vorab eine klar verständliche und kommunizierte Aufgabenstellung (zum Beispiel über den Chat oder auf einem digitalen Whiteboard), eine Timebox und gegebenenfalls eine Information dazu, wie die Ergebnisse festgehalten werden sollen (zum Beispiel am Whiteboard oder in einem Umfragetool).

Im Anschluss ist es hilfreich, die Ergebnisse der Breakout-Gruppen in der großen Gruppe präsentieren und zusammenführen zu lassen (zum Beispiel per Silent Clustering).

Ein Beispiel: Breakout-Aufgabe im Chat

Bitte sammelt Ideen zu folgender Fragestellung: »Wie können wir unsere Meetings interaktiver gestalten?«. Erfasst eure vier besten Ideen auf Post-its auf dem Whiteboard. Bitte wählt aus, wer die Post-its gleich der ganzen Gruppe vorstellt. Ihr habt zehn Minuten Zeit. Guten Austausch ☺

Achtung!

In Breakouts arbeitet die Kleingruppe unmoderiert. Damit sie arbeitsfähig ist, braucht sie eine klare Aufgabenstellung. Sonst können Breakouts schnell zu Frust führen und wertvolle Zeit verschwenden. »Hast du verstanden, was wir jetzt hier machen sollen?« »Nein, keine Ahnung. Reden wir einfach übers letzte Wochenende«. In Breakouts können sehr viele Ideen entstehen. Überlege als Moderierende:r also vorab, wie du die einzelnen Gruppenergebnisse so zusammenführen (lassen) willst, dass danach wieder ein gemeinsames Ergebnis entsteht. Helfen können dir dabei zum Beispiel die Methoden »Silent Clustering« und »Konsent«.

Warum?

Manchmal ist es schwer, die richtigen Worte zu finden, um Komplexes oder Emotionales auszudrücken. In dem Fall kann es erhellend sein, wenn sich die Teilnehmenden eines Meetings Post-its (oder Zettel) und Stifte schnappen und mit einer kleinen Darstellung ihre Sichtweise oder Idee verdeutlichen.

Durch eine Post-it-Visualisierung

- wird ganzheitliches Denken-mit-dem-Stift gefördert[12],
- gelingt eine abwechslungsreiche Kombination aus analogen und digitalen Medien,
- können mithilfe vieler kleiner Bilder große, gemeinsame Lösungen entstehen.

Wie?

- Die Antworten zu einer Fragestellung oder die Beiträge zu einem Thema von den Teilnehmenden eines Meetings auf Post-its oder Zettel kritzeln lassen und darum bitten, dabei auf Worte zu verzichten.
- Eine bewusst kleine Timebox vergeben (circa fünf bis maximal zehn Minuten), damit sich die Teilnehmenden nicht auf Schönheit, sondern auf Aussagekraft konzentrieren.
- Im Anschluss die Visualisierungen reihum vorstellen (in die Videokamera halten) lassen mit der Gelegenheit, ein paar klärende Worte zu ergänzen.
- Es können auch Fotos der kleinen Bilder zur gemeinsamen Betrachtung auf ein digitales Whiteboard hochgeladen werden.

Ein Beispiel

»Welche Stolpersteine behindern uns gerade dabei, im Projekt weiterzukommen? Bitte stellt eure Sichtweise mit einer kleinen Zeichnung auf einem Post-it oder Zettel dar. Vermeidet Worte und nutzt idealerweise dicke Stifte dafür. Ihr habt dafür acht Minuten Zeit.«

Achtung

Zu zeichnen, anstatt zu reden oder zu tippen ist für viele ungewohnt und sorgt leicht für Unbehagen: »Ich kann nicht malen!« In diesem Fall ist es erleichternd, zu erklären, dass das Ziel nicht darin besteht, besonders schöne Bilder zu produzieren, sondern dass einfache Kritzeleien auf Kindergartenniveau an dieser Stelle vollkommen ausreichen.

Stille

Leisen Gedanken und feinen Nuancen Raum geben

Moderationsmethode	Partizipation fördern

Warum?

In Meetings wird üblicherweise ununterbrochen geredet. Doch nur weil viel gesagt wird, heißt das noch lange nicht, dass daraus Erkenntnisse und Lösungen entstehen.

Durch das bewusste Nutzen von Stille

- bekommen die Teilnehmenden die Gelegenheit, ihre Gedanken und Eindrücke ungestört zu sammeln;
- haben feine Nuancen und leise Gedanken die Möglichkeit, wahrgenommen und benannt zu werden;
- bleiben wichtige Inhalte besser bei den Teilnehmenden im Kopf.

Wie?

Stille lässt sich auf vielerlei Weise nutzen. Hier ein paar Ansätze als Inspiration:

- Ein Meeting mit einer stillen Minute starten zum Ankommen und Fokussieren.
- Den Teilnehmenden im Meeting vor einer Gesprächsrunde drei bis fünf stille Minuten Zeit geben, um die eigenen Gedanken zu klären.
- Auf einem digitalen Whiteboard Ideen still auf Post-its sammeln lassen (siehe auch die Methoden »Silent Clustering« und »Silent Brainstorming«).

Ein Beispiel

»Wie können wir als hybrides Team die früheren gemeinsamen Mittagspausen im Büro ersetzen? Als erstes sammelt bitte jede:r erst einmal still für sich fünf Minuten lang Ideen, bevor wir die Ideen dann teilen und zusammenbringen.«

Achtung

Bewusste Stille ist so unüblich in Meetings, dass sie von manchen zunächst als unangenehm erlebt wird. Hier ist es hilfreich, mit kleinen Zeitfenstern wie einer Minute zu beginnen und sie erst nach und nach auszubauen. Als Moderierende:r kannst du die Kolleg:innen bitten, es einfach mal auszuprobieren und hinterher fragen, wie es war. In fünfundneunzig Prozent aller Fälle erhalten wir Antworten wie »angenehm«, »hilfreich« oder »sollten wir öfter machen«.

Chatwasserfall

Ein beeindruckender Schwall an Beiträgen

Moderationsmethode	Partizipation fördern

Warum?

Im Chat einer Videokonferenz lassen sich Beiträge einfach sammeln, allerdings beeinflussen sich die Beiträge oft stark gegenseitig, da sie transparent und präsent im Raum stehen.

Durch einen Chatwasserfall

- macht sich jede:r zunächst eigenständig Gedanken und tippt den Beitrag in den Chat, ohne ihn abzusenden;
- beeinflussen sich Beiträge der Teilnehmenden nicht gegenseitig;
- entsteht viel Bewegung im Chat, gerade bei großen Gruppen.

Wie?

- Als Moderierende:r tippst du die Aufgabenstellung in den Chat und gibst den Hinweis, dass die Antworten getippt, aber noch nicht abgesendet werden sollen.
- Du gibst das Kommando zum Absenden der Beiträge im Chat entweder nach einem festgelegten Zeitfenster, zum Beispiel zwei Minuten, oder wenn du den Eindruck hast, dass nicht mehr getippt wird.
- Die Vorfreude auf den entstehenden Wasserfall-Effekt im Chat kannst du noch steigern durch einen Countdown: »Vier-Drei-Zwei-Eins-ABSENDEN!«

Ein Beispiel

»Was könnte ein Highlight für unsere virtuelle Weihnachtsfeier sein? Bitte tippt zwei Minuten lang so viele Ideen wie möglich in den Chat. Geht dabei noch nicht auf ›Absenden‹.«

Achtung!

Wenn viele Beiträge im Chat auf einmal abgeschickt werden, ist das ein toller optischer Effekt, lesbar sind sie auf die Schnelle aber nicht. Deshalb ist entweder im Anschluss Zeit einzuplanen, damit sich jede:r alles in Ruhe durchlesen kann, oder ihr vereinbart, dass asynchron nach dem Meeting gelesen und beim nächsten Meeting über die Antworten gesprochen wird.

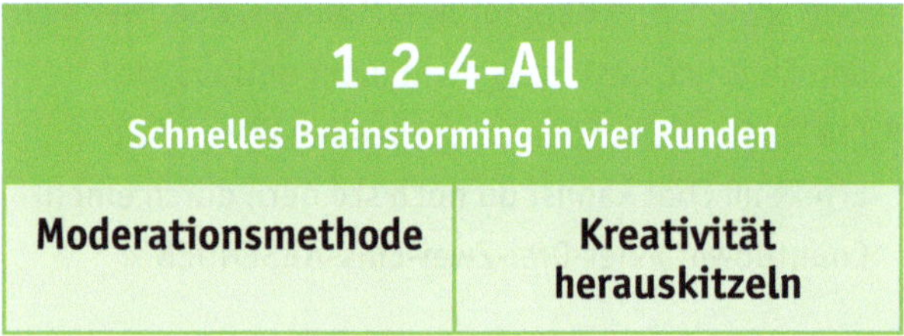

Warum?

Es ist gut, wenn in Meetings schnell viele Ideen auf den Tisch kommen, allerdings sind die ersten Ideen nicht unbedingt auch die besten. Es tut der Qualität von Ideen gut, wenn sie in mehreren Runden gedreht, gewendet und dabei geschärft werden. Das genau leistet die 1-2-4-All-Methode aus dem Fundus der Liberating Structures[13].

Durch die Methode 1-2-4-All

- werden in vier schnell hintereinander ablaufenden Runden aus vielen einzelnen Gedanken gemeinsame Ansätze entwickelt;
- hat zu Beginn jede:r Einzelne die Gelegenheit, die eigenen Ideen gedanklich zu sortieren;
- werden die Qualität und Passung der Ideen mit jeder Runde weiter verfeinert;
- können in erstaunlich kurzer Zeit beeindruckende Lösungsansätze entstehen;
- werden ein gemeinsames Verständnis und Konsens gefördert.

Wie?

- Formuliere als Moderierende:r eine konkrete Fragestellung und bringe die Teilnehmenden eines Meetings in folgendem Ablauf mit ins Denken und Reden: Zunächst jede:r still für sich (zum Beispiel für eine Minute), dann Ideen zu zweit zusammenfassen (zum Beispiel für zwei Minuten), anschließend die Ideen aus den Zweiergruppen in Vierergruppen

Welche Meetingprinzipien brauchen wir, damit unsere hybriden Meetings gelingen?

1. ... Überlege für dich und mache dir Notizen **(1 Minute)**.

2. ... Gleich geht es zu zweit weiter in den Breakout (bzw. zu dritt). Bitte teilt eure besten Ideen **(4 Minuten)**.

3. ... Achtung - ihr werdet gleich automatisch zu einer größeren Gruppe zusammengeführt (zu viert bzw. zu fünft). Bitte teilt eure Ideen und wählt die drei aus, die sich am besten als Prinzipien eignen. Erfasst sie dann auf Post-its auf dem Whiteboard **(8 Minuten)**.

Beispiel eines Brainstormings mit der 1-2-4-All-Methode

zusammenfassen und verfeinern (zum Beispiel für vier Minuten). Jede Gruppe teilt mit allen anderen die Idee, die als die beste angesehen wird (zum Beispiel für fünf Minuten).

- Arbeite in Online -und Hybrid-Meetings mit Breakouts, um die Gruppen zusammenzubringen.
- Solltet ihr an allen Ideen interessiert sein, kann es hilfreich sein, die einzelnen Phasen mit Dokumentationen am digitalen Whiteboard zu begleiten. Dadurch könnt ihr später auf alle Ideen zugreifen.

Achtung!

Diese Methode lebt von ihrer Schnelligkeit und fordert dich als Moderierende:r hinaus, da keine Zeit für langatmige Erklärungen bleibt. Bereite daher alle Arbeitsaufträge schon schriftlich vor, sodass du sie nur noch in den Chat kopieren musst oder sie auf dem digitalen Whiteboard aufrufen kannst. Halte eine Darstellung des Ablaufs auf Flipchart oder PowerPoint bereit.

Die Methode fordert auch die Teilnehmenden heraus, da die kurzen Zeitfenster sehr ungewohnt sind und sie wahrscheinlich mehr Zeit verlangen werden. In dem Fall verweise darauf, dass gerade das Timeboxing hier zum Gelingen beiträgt und lasse bei Bedarf lieber eine weitere Runde zu, als eine einzelne Runde zu verlängern.

Silent Brainstorming Jede Menge gegenseitige Inspiration in Stille	
Moderationsmethode	**Kreativität herauskitzeln**

Warum?

Spontane Einfälle und Lösungsideen kommen im Meeting oft durch Gespräche. Sprechen können immer nur wenige auf einmal. Zuhören kostet Aufmerksamkeit und verhindert, die eigenen Gedanken zu sortieren.

Durch Silent Brainstorming

- lassen sich zu einer konkreten Fragestellung gemeinsam Ideen sammeln, ohne dabei miteinander zu reden;
- entsteht eine fokussierte, ruhige Atmosphäre
- kann das stille Lesen der Gedanken der anderen weitere Ideen fördern.

Wie?

- Formuliere als Moderierende:r eine konkrete Fragestellung und lasse dazu in einem definierten Zeitfenster so viele Ideen wie möglich auf Post-its auf einem digitalen Whiteboard sammeln.
- Kommuniziere die Regel »Reden ausdrücklich verboten« während der Kreativphase.
- Weise darauf hin, dass es im ersten Schritt um Masse statt Klasse geht, je mehr Post-its desto besser, es darf also bewusst auch nicht zu Ende Gedachtes auf die Post-its.
- Die Timebox sollte eher kurz und gut sichtbar für alle sein, zum Beispiel fünf bis acht Minuten, das bringt Geschwindigkeit und eine hilfreiche Form von Aktionismus.
- Wenn du mit einem digitalen Whiteboard arbeitest, dann bereite am besten schon viele Post-its vor, sodass sie von den Teilnehmenden nicht mehr gepostet, sondern nur noch angeklickt und beschrieben werden müssen.

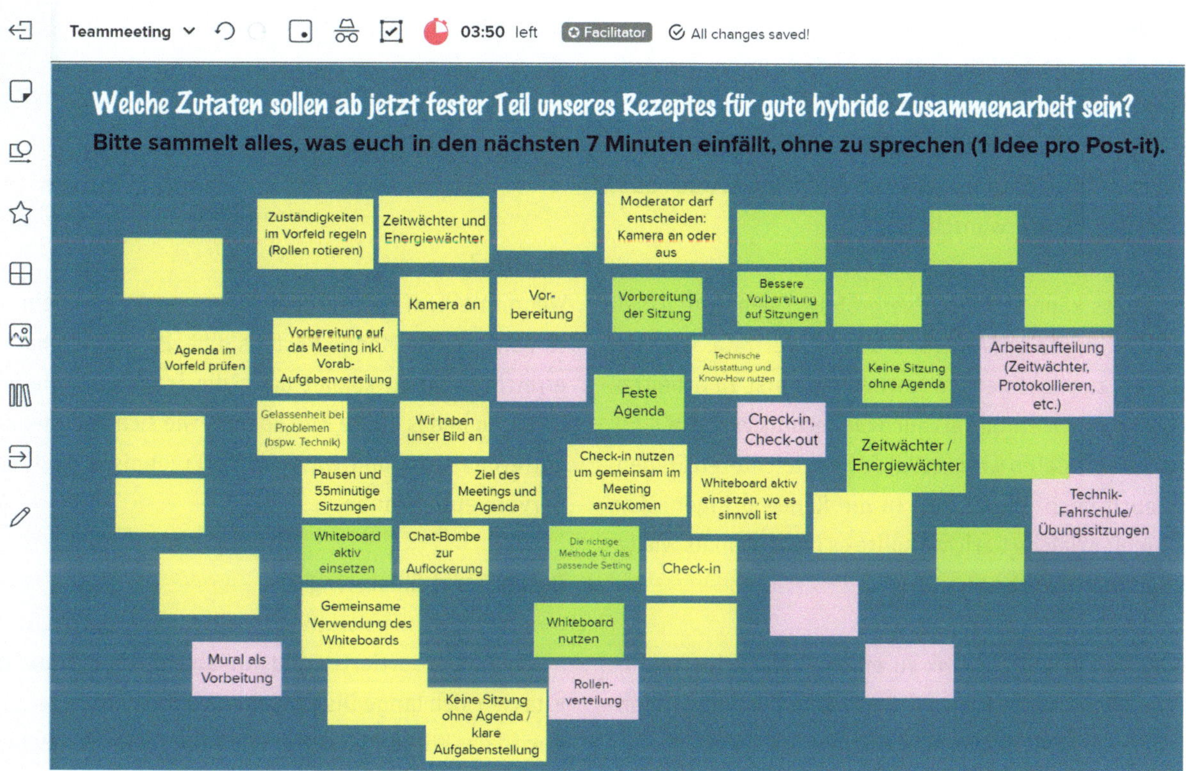

Beispiel für Silent Brainstorming auf einem digitalen Whiteboard

Achtung!
Diese Methode funktioniert am besten, wenn das Zeitfenster klein ist. Gleichzeitig setzt das viele unter Stress. Um den Druck zu reduzieren, hilft es, in der Anmoderation explizit zu betonen, dass an dieser Stelle auch alles Unausgegorene erwünscht ist.

Der Stress kann sich noch vergrößern, wenn die Arbeit mit dem digitalen Whiteboard nicht vertraut ist. Hier hilft es, zu wichtigen Fragestellungen erst zu arbeiten, wenn sowohl Methode als auch die Technik vertraut sind, und sich bis dahin warm zu laufen mit leichteren Fragen, die auch noch etwas Spaß in die Runde bringen. Zum Beispiel: »Welche Gerichte sollte es bitte niemals wieder in der Kantine geben?«

Wenn im Vorfeld ein Link zu einem Erklärvideo und zu einem Übungsboard verschickt wird, können die Teilnehmenden sich mit der Technik vertraut machen.

Silent Clustering

Gemeinsamkeiten still erkennen

Moderationsmethode	Kreativität herauskitzeln

Warum?
Wenn in einem Meeting die Ideen nur so sprudeln und es danach jede Menge Post-its gibt, ist erst einmal viel erreicht. Schnell kommt dann die Frage auf, wie jetzt Ordnung in das bunte Bild kommt, wie sich Redundantes entfernen lässt und wesentliche Ergebnisse deutlicher hervortreten können.

Durch Silent Clustering

- entsteht dank kollektiver Intelligenz erstaunlich schnell ein sortiertes und aussagekräftiges Ergebnis;
- lassen sich lange Diskussionen vermeiden;
- wird das Wirgefühl gestärkt, da durch die Stille eine sehr vertraute Atmosphäre entsteht, in der wie von allein ein gemeinsam erschaffenes Ergebnis entsteht.

Wie?

- Bitte als Moderierende:r die Teilnehmenden im Anschluss eines Brainstormings darum, die entstandenen Post-its nun still thematisch zusammenzubringen.
- Vergib ein knappes Zeitfenster (zum Beispiel drei bis fünf Minuten).
- Weise darauf hin, dass es normal ist, dass die Post-its eine Zeit lang immer mal wieder die Position wechseln werden, nach einigem Hin und Her aber ein deutliches Bild entstehen wird.
- Wenn sich die Post-its nicht weiterbewegen, dann bitte die Teilnehmenden darum, passende Überschriften zu den Clustern zu finden.
- Plane im Anschluss eine Austauschrunde ein, sodass bei Bedarf unterschiedliche Perspektiven auf die richtige Zuordnung der Post-its noch geklärt werden können.

Achtung!

Diese Übung erfordert eine ordentliche Spur Vertrauen in die kollektive Intelligenz des Teams. Denn es gilt, zuzulassen, dass bereits zusortierte Post-its ihren Platz wieder wechseln. Es hilft an dieser Stelle, darauf hinzuweisen, dass es nicht die eine richtige Ordnung für die Ideen gibt, sondern dass die Struktur die effektivste ist, hinter der der Großteil der Gruppe steht. Diese Methode kann deshalb konsensförderlich wirken.

Brainwriting Schnell aufeinander aufbauende Ideen generieren	
Moderationsmethode	**Kreativität herauskitzeln**

Warum?

Ideenfindung stockt leicht, wenn es nur bei den eigenen Ideen bleibt. Oder wenn nur wenige ihre Gedanken äußern und damit die anderen stark beeinflussen.

Durch Brainwriting

- werden Gedanken und Vorschläge nicht mündlich, sondern schriftlich geäußert;
- entstehen dynamisch viele Ideen, die aufeinander aufbauen;
- können die Teilnehmenden ihre Gedanken für sich notieren, ohne dabei von anderen zu stark beeinflusst zu werden.

Wie?

- Formuliere als Moderierende:r eine Fragestellung (»Wie können wir ...?«) und stelle sicher, dass sie alle verstanden haben.
- Kläre das Ziel: Es geht darum, in kurzer Zeit so viele aufeinander aufbauende Ideen wie möglich zu generieren.
- Arbeite mit einer knappen, für alle sichtbaren Timebox, zum Beispiel acht bis zehn Minuten.
- Sind alle Teilnehmenden vor Ort, können sie nun oben auf einem DIN-A4-Zettel jeweils eine Idee schreiben und ihn dann an den nächsten Teilnehmenden weiterreichen, der dann die eigene Idee darunterschreibt – dann geht es reihum, bis die Zeit um ist.
- Im Online- oder Hybrid-Meeting arbeitet ihr hier am besten mit einem digitalen Whiteboard, auf dem ihr alle Namen nebeneinander darstellt und darunter mehrere Reihen von Post-its; eine Zeile von Post-its stellt eine Runde dar, pro Runde rücken die Teilnehmenden eine Zeile weiter nach unten und eine

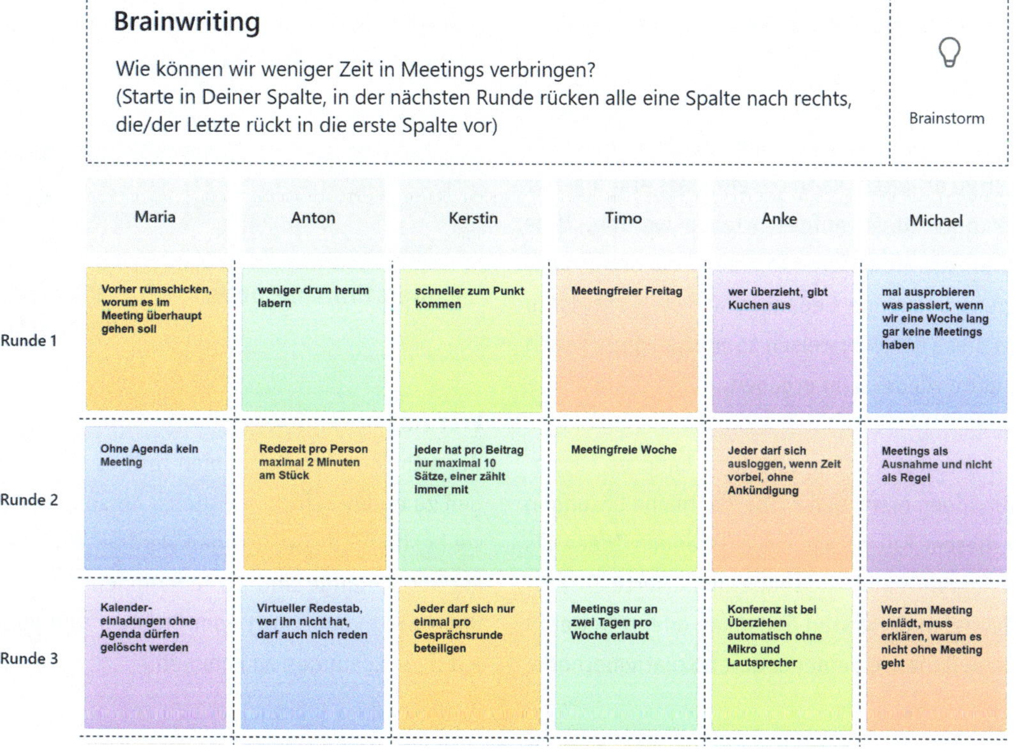

Beispiel Brainwriting mit digitalem Whiteboard

Spalte weiter nach rechts, sodass sie unterhalb der Idee der Vorgängerin/des Vorgängers weiterdenken und ihre Idee auf das nächste Post-it tippen können.

Achtung!

Ist es noch ungewohnt für die Teilnehmenden, mit Kreativmethoden zu arbeiten, kann es sein, dass erst mal nur bereits bekannte Ideen aufgeschrieben werden. Hilfreich ist hier, als Moderierende:r dazu zu ermutigen, auch komplett unsinnige Gedanken auf die Post-its zu bringen, da diese den Weg weisen können zu ganz neuen Ideen, die dann wieder Sinn ergeben.

Je nach Komplexität der Fragestellung kann es passieren, dass die Ideen erst mal nur oberflächliche Lösungen bieten. In diesem Fall nehmt die entstanden Ideen als Startpunkt für eine anschließende moderierte Diskussion zum Vertiefen der ersten Gedanken oder arbeitet in einer weiteren Runde mit einer anderen Kreativmethode.

Viele digitale Whiteboards bringen schon Templates für verschiedene Kreativmethoden mit, sodass sich ohne großen Aufwand mit verschiedenen Ansätzen zur Ideengenerierung arbeiten lässt.

Kopfstandfrage Auf paradoxem Weg neue Lösungen entwickeln	
Moderationsmethode	**Kreativität herauskitzeln**

Warum?

Bei altbekannten Problemen fällt es oft schwer, Lösungen zu entwickeln, ohne gleich mitzudenken, dass auch sie bestimmt nichts bringen werden. Wie das Kaninchen vor der Schlange sind die Teilnehmenden eines Meetings dann wie hypnotisiert vom Problem und außer Stande, auf neue Lösungen zu kommen.

Durch das Arbeiten mit einer Kopfstandfrage

- wird die gute Problemkenntnis bewusst genutzt, um neue Lösungen zu entwickeln;
- kommt Freude in ein Thema, das sonst vermutlich eher beschwert;
- entstehen auf paradoxem Weg innovative Lösungsansätze.

Wie?

- Bringe als Moderierende:r zunächst das zu lösende Problem auf den Punkt und formuliere die Frage, die zur Lösung führen soll, zum Beispiel: »Wie können wir in Meetings für tragfähigere Ergebnisse sorgen?«
- Im nächsten Schritt stellst du die Frage auf den Kopf. Zum Beispiel: »Wie können wir sicherstellen, komplett ergebnislos aus unseren Meetings zu gehen?«
- Nun sammelt ihr mit einem Brainstorming oder einem Brainwriting in einer definierten Timebox Ideen zu dieser Frage.
- Falls sehr viele Ideen entstehen, lässt du clustern, ansonsten wird mit den einzelnen Ideen weitergearbeitet.
- Bitte das Team nun, die Ideen(-cluster) wieder umzudrehen und das Gegenteil als Lösung zu formulieren. Wenn eine Idee aus der Kopfstandrunde zum Beispiel lautet: »Wir schneiden uns konsequent jedes Wort ab«, dann könnte die Lösung lauten: »Wir lassen uns ausreden«.

Ein Beispiel

Problemstellung: »Wie können wir dafür sorgen, dass das neue Taskboard von allen im Team genutzt wird?«

Kopfstandfrage: »Wie können wir dafür sorgen, dass das Taskboard von niemandem genutzt wird und wieder in der Versenkung verschwindet?«

Achtung!

Paradoxe Interventionen erfordern die Bereitschaft, um die Ecke zu denken. Sie kosten zunächst auch mehr

Zeit, als gleich zur echten Problemstellung hinzuarbeiten. Hilfreich ist, durch Ausprobieren zu erfahren, dass auf diese Art und Weise bessere Lösungen entstehen, die dann Zeit einsparen. Und es auch noch mehr Spaß macht. Deswegen kann es hilfreich sein, die Methode einmal an einem weniger ernsten Problem auszuprobieren und erst danach an Problemen zu arbeiten, die im Teamalltag für echten Frust sorgen.

Entscheidungsmethoden: Klar abgestimmt vorankommen

Je größer Teams und Organisationen sind, desto aufwendiger werden Abstimmungsschleifen und Entscheidungsprozesse. Das kostet allen Beteiligten viel Zeit und Energie. Je umständlicher es ist, Veränderungen und Weiterentwicklungen durch die Instanzen zu tragen, desto unwahrscheinlicher wird es, Menschen zu finden, die sich dafür einsetzen. Erschwerend kommt dazu, dass der Prozess der Entscheidung an sich selten beleuchtet wird. Es regiert vielfach das Prinzip der Hoffnung. Hoffentlich wird nicht zu viel diskutiert. Hoffentlich werden wir uns schnell einig und es gibt keine unangenehmen Rückfragen.

Damit hybride Teams produktiv arbeiten können, muss zunächst mal klar sein, wer überhaupt was entscheiden darf. War früher in klassischen Organisationsformen klar, wer den Hut für was aufhat, ist das heute in Organisationen, die sich Richtung New Work entwickeln, zunehmend vielfältiger.

Der Trend lässt sich so beschreiben: »Von zentraler Entscheidungsgewalt zu dezentraler Entscheidungskompetenz«[14].

Entscheidend ist es also für den Erfolg hybrider Teamarbeit, im ersten Schritt zu benennen, wer für die Lösung eines Problems Entscheidungen trifft. Um dann im nächsten Schritt den Entscheidungsprozess an sich effektiver zu gestalten.

Während der Ablauf eines Einzelentscheids, bei dem üblicherweise eine Person mit Weisungshoheit eine Entscheidung trifft, sehr bekannt ist, sind Methoden für das effektive Treffen von Entscheidungen im Team oft noch wenig vertraut.

Du findest im Anschluss folgende Methoden, die Entscheidungen im Team fördern

- »Delegation Poker: klären, wer entscheidet.«
- »Abstimmen: die Mehrheit entscheidet.«
- »Konsens: alle sind dafür.«
- »Konsent: keine:r ist dagegen.«

Entscheidungen zu moderieren, ist herausfordernd. Übe dich deshalb am besten zunächst mit kleinen Gruppen und Themen, bei denen die Meinungen nicht allzu weit auseinanderliegen.

Delegation Poker

Mit klaren Entscheidungsebenen besser entscheiden

Entscheidungsmethode

Warum?

Je mehr Verantwortung von der Führungskraft ans Team übertragen wird, desto schwerer wird es, Entscheidungen zu treffen, wenn die konkrete Ausprägung der Verantwortungsdelegation unklar bleibt.

Durch die Methode Delegation Poker

- werden Entscheidungsprozesse auf einfache Art besprechbar;
- wird deutlich, dass es viel mehr Entscheidungsebenen als »ich oder du« gibt;
- können sich Führungskraft und Team vor dem Treffen einer Entscheidung transparent darauf einigen, wer welche Verantwortung für die Entscheidung trägt.

Wie?

Vermittle als Moderierende:r zunächst die sieben möglichen Entscheidungsebenen:

1 – Verkünden: Die Führungskraft entscheidet und informiert das Team.
2 – Verkaufen: Die Führungskraft entscheidet und überzeugt danach das Team.
3 – Befragen: Die Führungskraft holt sich Rat vom Team, bevor sie entscheidet.
4 – Einigen: Das Team und die Führungskraft entscheiden gemeinsam nach einer Diskussion und finden einen Konsens.
5 – Beraten: Das Team entscheidet, nachdem es den Rat der Führungskraft eingeholt hat.
6 – Erkundigen: Das Team entscheidet selbstverantwortlich, die Führungskraft erkundigt sich darüber nach der Entscheidung.
7 – Delegieren: Das Team entscheidet selbstverantwortlich, die Führungskraft trägt keine Verantwortung für die Entscheidung.

- Zu einer anstehenden Entscheidung darf nun jede:r verdeckt seine Stimme derjenigen Entscheidungsebene geben, die als passend eingeschätzt wird, die Votings werden dann offengelegt und Ausreißer diskutiert, um zu einer gemeinsamen Lösung zu kommen.
- In Vor-Ort-Meetings lässt sich die Methode mit Karten spielen, daher rührt auch der Name (entwickelt von der Management-3.0-Initiative[15]).
- Im Online- oder Hybrid-Meeting können die Entscheidungsebenen auf dem digitalen Whiteboard zur anonymen Abstimmung abgebildet werden, alternativ geht auch die Abstimmung über eine Online-Umfrage wie Mentimeter.

Achtung!

Die Frage danach, wer was entscheiden darf, gehört zu den sensibelsten in der Teamarbeit. Auch wenn diese Methode sehr spielerisch daherkommt, ist sie deshalb mit Bedacht einzusetzen. Gerade, wenn Teams noch am Anfang mit der Übernahme von mehr Entscheidungsverantwortung stehen, empfiehlt es sich, mit leichtgewichtigen Entscheidungen anzufangen und dem Austausch ausreichend Zeit zu widmen.

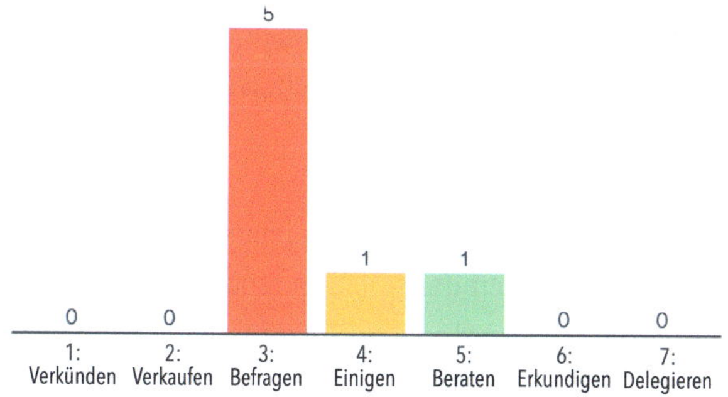

Delegation Poker mit Mentimeter

Abstimmen

Die Mehrheit entscheidet

Entscheidungsmethode

Warum?

Manchmal wird lange geredet, um Positionen gerungen, und doch bleibt am Ende vage, wie es weitergeht, da eben keine Entscheidung getroffen wird.

Durch eine Abstimmung

- kommen die Optionen, zwischen denen sich die Teilnehmenden eines Meetings entscheiden können, transparent auf den Tisch;
- lässt sich schnell eine Entscheidung treffen,
- entscheidet die Mehrheit.

Wie?

- Als Moderierende:r benennst du die Entscheidungsmöglichkeiten, zum Beispiel indem du eine vorangegangene Diskussion zusammenfasst und die Optionen konkretisierst.
- Visualisiere die Optionen für alle sichtbar, zum Beispiel im Chat, auf dem digitalen Whiteboard oder über ein Umfragewerkzeug wie Mentimeter.
- Vor Ort sind klassische Werkzeuge zum Treffen von Entscheidungen Moderationspunkte, die auf die am Flipchart dargestellten Optionen geklebt werden oder das Handheben der Teilnehmenden zum Visualisieren der präferierten Option.

Im Online- oder Hybrid-Meeting kannst du für die Abstimmung

- die Optionen nummerieren und die Teilnehmenden darum bitten, die Nummer in den Chat zu tippen;
- per Emoji »Daumen hoch« und »Daumen runter« im Chat abstimmen lassen, bei Teams lassen sich sogar Texte im Chat mit Emojis versehen;
- eine Umfrage einrichten, das geht in manchen Videokonferenzsystemen direkt oder du nutzt externe Werkzeuge wie Slido oder Mentimeter;
- bei Ja-oder-nein-Abstimmungen die »Kamera an/aus« Funktion nutzen lassen: Kamera an = ja, Kamera aus = nein;
- die Voting-Funktion digitaler Whiteboards nutzen, dafür können die abzustimmenden Optionen angeklickt werden und im Anschluss gibt es eine automatische Auswertung.

Sollte es zu einer Pattsituation kommen, also dass keine Option die Mehrheit der Stimmen erhält, dann legt noch eine zeitlich abgegrenzte Diskussionsrunde ein und benennt die Optionen noch konkreter.

Achtung!

Beim Mehrheitsprinzip besteht die Gefahr, dass ein Großteil der Abstimmenden dagegen stimmt und somit nicht voll hinter der Entscheidung steht. Nutze diese Abstimmungsform daher für einfache und nicht zu komplexe Themen. Weise im Vorfeld auf den Nachteil dieser Methode hin. Eine Möglichkeit kann auch sein, vor der eigentlichen Entscheidung über die zur Verfügung stehenden Entscheidungsmethoden abstimmen zu lassen.

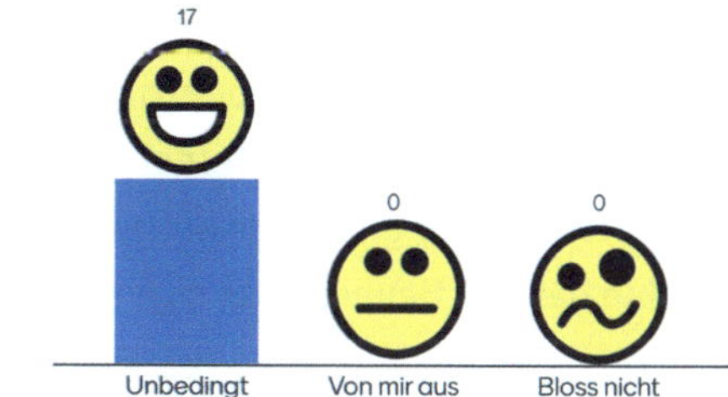

Beispiel einer Abstimmung per Mentimeter

Konsens

Alle sind dafür

Entscheidungsmethode

Warum?

Bei komplexen Themen, die ein hybrides Team stark betreffen, sollten Entscheidungen nicht zu schnell und nicht nur mit einfacher Mehrheit getroffen werden. Sonst kann es passieren, dass es zwar eine offizielle Entscheidung gibt, hinter der inoffiziell aber nur wenige stehen, sodass sie nicht tragfähig ist.

Durch Entscheidung per Konsens (lateinisch Gemeinsinn)

- entstehen Entscheidungen auf Basis eines intensiven Austauschs, der auch Minderheitenmeinungen zulässt;
- ist jede:r gleichberechtigt an der Entscheidung beteiligt;

- kann das Wirgefühl dadurch gestärkt werden, dass nicht einige wenige, sondern alle gemeinsam die Entscheidung treffen.

Wie?

- Benenne und visualisiere als Moderierende:r die Problem- oder Fragestellung, zu der im Team eine Entscheidung getroffen werden soll.
- Moderiere vor der Entscheidungsfindung eine Diskussion, in der möglichst alle Meinungen gehört werden, benenne dabei Timeboxen pro Wortmeldung (zum Beispiel zwei Minuten), sodass die Diskussion nicht ausufert.
- Refokussiere jedes Mal, wenn Teilnehmende zu anderen Themen abschwenken, auf die zuvor visualisierte Problem- oder Fragestellung.
- Fasse die geäußerten Meinungen zu Entscheidungsoptionen zusammen.
- Wenn in der Diskussion keine neuen Entscheidungsoptionen mehr aufkommen, ist ein guter Zeitpunkt für das Formulieren einer Entscheidungsgrundlage gekommen, um mit folgenden Wahlmöglichkeiten abstimmen zu können: »ich bin dafür«, »ich enthalte mich« und »ich lege ein Veto ein«.
- Bei einer oder mehreren Vetostimmen, ist eine weitere Austauschrunde nötig, in der die Gründe für das Veto diskutiert und neue oder angepasste Entscheidungsoptionen gesucht werden.
- Im Anschluss kann erneut abgestimmt werden zur neuen oder angepassten Entscheidungsgrundlage, eine Entscheidung gilt als getroffen, wenn alle für »ich bin dafür« stimmen oder sich enthalten.

Ein Beispiel

In Meetings mit mehr als acht bis zehn Teilnehmenden lässt sich die Diskussion vor der Konsensabstimmung zum Beispiel gut mit einem Fishbowl abbilden, virtuell entsteht der innere Stuhlkreis dafür auf einem digitalen Whiteboard.

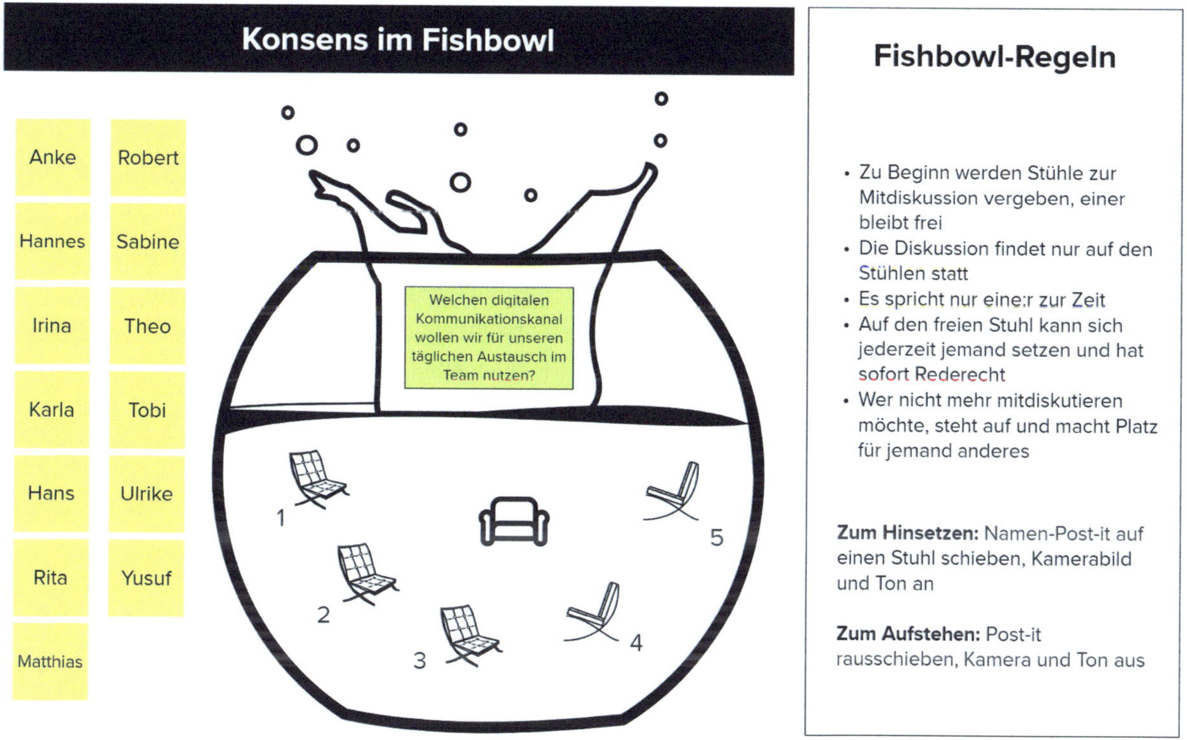

Konsens im Fishbowl

Anke | Robert
Hannes | Sabine
Irina | Theo
Karla | Tobi
Hans | Ulrike
Rita | Yusuf
Matthias

Welchen digitalen Kommunikationskanal wollen wir für unseren täglichen Austausch im Team nutzen?

1 2 3 4 5

Fishbowl-Regeln

- Zu Beginn werden Stühle zur Mitdiskussion vergeben, einer bleibt frei
- Die Diskussion findet nur auf den Stühlen statt
- Es spricht nur eine:r zur Zeit
- Auf den freien Stuhl kann sich jederzeit jemand setzen und hat sofort Rederecht
- Wer nicht mehr mitdiskutieren möchte, steht auf und macht Platz für jemand anderes

Zum Hinsetzen: Namen-Post-it auf einen Stuhl schieben, Kamerabild und Ton an

Zum Aufstehen: Post-it rausschieben, Kamera und Ton aus

Beispiel einer virtuellen Fishbowl-Diskussion

Achtung!

Einen Konsens zu finden, kann viel Zeit in Anspruch nehmen. Je größer die Gruppe und je unterschiedlicher die Meinungen, desto mehr strukturierte Moderation und klare Timeboxen braucht es, da sonst nervige Endlosdebatten drohen.

Konsent

Keine:r ist dagegen

Entscheidungsmethode

Warum?

Oft streben Gruppen Lösungen an, hinter denen alle zu hundert Prozent stehen. Das kann bei komplexen Herausforderungen, wie es die Gestaltung der hybriden Teamarbeit ist, blockieren. Es ist selten möglich, vor einer Entscheidung jede Unsicherheit auszuschließen.

Durch Entscheidung per Konsent

- wird in einem Meeting zu einem Lösungsvorschlag statt der Frage »Wer ist dafür?« die Frage »Wer hat einen schwerwiegenden Einwand?« gestellt;
- werden schnell Entscheidungen möglich, die für alle mindestens okay sind;
- entstehen Lösungen, die gut genug zum Ausprobieren sind (Safe enough to try);
- entsteht eine intensive Auseinandersetzung mit individuellen Interessen;
- wird das Prinzip »Satisficing«[16] genutzt, das heißt eine Gruppe strebt die erstbeste statt der bestmöglichen Lösung an.

Wie?

- Benenne und visualisiere als Moderierende:r die Problem- oder Fragestellung, zu der im Team eine Entscheidung getroffen werden soll und moderiere vor der Entscheidungsfindung eine Diskussion (verfahre also zunächst wie bei der zuvor beschriebenen Konsens-Methode).

- Fasse die geäußerten Meinungen zu Entscheidungsoptionen zusammen.
- Wenn in der Diskussion keine neuen Entscheidungsoptionen mehr aufkommen, ist ein guter Zeitpunkt für das Formulieren einer Entscheidungsgrundlage gekommen, um mit folgenden Wahlmöglichkeiten abstimmen zu können: »okay für mich = ich habe KEINEN schwerwiegenden Einwand« oder »nicht okay für mich = ich HABE einen schwerwiegenden Einwand«.
- In einer anschließenden, moderierten Diskussionsrunde kann der Einwand nun vorgebracht und eine neue Entscheidungsgrundlage formuliert werden.
- Danach wird erneut abgestimmt, eine Entscheidung gilt als getroffen, wenn alle für »okay für mich« stimmen.

Ein Beispiel

Um den Konsent im Online- oder Hybrid-Meeting zu visualisieren, kannst du mit einem Common Ground arbeiten. Dafür bildest du eine grüne Fläche mit der Beschriftung »Okay im Hinblick auf unser gemeinsames Ziel« auf einem digitalen Whiteboard ab. Darauf lässt du alle Lösungsvorschläge zur Abstimmung auf Post-its sammeln. Daneben bildest du eine Fläche ab, beschriftest sie mit »Bedenklich im Hinblick auf unser gemeinsames Ziel«. Nachdem alle Post-its gesammelt und geclustert wurden, dürfen sie bei Einwänden zur Bedenklich-Fläche verschoben werden. Wenn es schnell gehen soll, könnt ihr einfach alle Post-its in der grünen Fläche als abgestimmt nehmen. Bei mehr Zeit bietet sich eine weitere Austauschrunde an zur Diskussion der Bedenken zu den Post-its auf der roten Fläche.

Achtung!

Der Vorteil des Konsents, dass er schnell zu Entscheidungen führt, kann auch zu einem Nachteil geraten. Vor allem Menschen, die sich gerne Zeit nehmen und noch eine Nacht drüber schlafen wollen, können sich unwohl mit dieser Methode fühlen, sich gleichzeitig aber vielleicht nicht trauen, einen Einwand hervorzubringen und dafür verantwortlich zu sein, dass erst mal keine Entscheidung getroffen werden kann. Wenn die Entscheidung nicht dringend ist, kannst du bewusst eine Pause einplanen zwischen Formulierung der Entscheidungsoptionen und der eigentlichen Abstimmung. So haben alle die Möglichkeit, die Optionen in Ruhe zu prüfen und ihre Einwände abzuwägen.

Feedbackmethoden: Kontinuierlich dazulernen

Der regelmäßige Einsatz von Feedbackmethoden ist eine wirkungsvolle Möglichkeit, kontinuierlich dazuzulernen als hybrides Team. So könnt ihr kleine, umsetzbare Hebel identifizieren und Schritt für Schritt gemeinsam besser werden.

Die unten beschriebenen Methoden sind unserer Erfahrung nach die, mit denen mit wenig Aufwand viele Erkenntnisse gewonnen werden können.

Bei folgenden drei Methoden handelt es sich um Kombinationen von bereits vorgestellten Moderationsmethoden, konkretisiert auf das Thema Feedback:

- »Zwei Satzanfänge«,
- »Starfish-Retrospektive«,
- »4L-Retrospektive«.

Ergänzt werden diese Methoden um weitere zwei, die tieferes gegenseitiges Verständnis fördern, um Missverständnissen vorzubeugen oder konfliktreichen Themen gezielt zu begegnen:

- »Aktives Zuhören«,
- »Elefantendialog«.

Letztere Methoden erfordern fortgeschrittene Moderationskompetenzen.

Zwei Satzanfänge

Zwei einfache Sätze für zwei Seiten eines Feedbacks

Feedbackmethode

Warum?

Für Feedback ist selten Zeit. Wird es dann zwischen Tür und Angel gegeben, fällt es manchmal übertrieben negativ oder auch übertrieben positiv aus, was es dem Feedbackempfangenden erschwert, es anzunehmen.

Durch die Vervollständigung der zwei Satzanfänge »Ich mochte …« und »Ich wünschte …«

- lässt sich Feedback einfach und konkret formulieren;
- ist Raum sowohl für Positives als auch noch zu Entwickelndes;
- wird es durch die einfache Handhabung leichter, es in den Teamalltag zu integrieren.

Wie?

Die Satzanfänge lassen sich auf vielerlei Weise für das Feedbackgeben nutzen:

- verbalisiert, zum Beispiel durch einzelne oder alle aus dem Team als Feedback zu einer vorgestellten Idee,
- zur Vervollständigung im Chat, zum Beispiel als Feedback am Ende eines Meetings,
- zum Notieren auf Post-its auf dem digitalen Whiteboard, zum Beispiel als Vorbereitung einer Entscheidungsfindung.

Achtung!

Je nachdem wie groß die Gruppe ist, kann es sein, dass sich nicht alle am Feedback beteiligen. Wenn es dir als Moderierende:r wichtig ist, dass jede:r etwas beiträgt, kannst du anschließend eine Gesprächsrunde einläuten, in der jede:r seine Rückmeldung kurz erläutert. Je nachdem wie vertraut ein Team miteinander ist, kann es sein, dass das Feedback (noch nicht) offen kommuniziert wird. Gib immer wieder Gelegenheit dazu, es zu üben und betone den Nutzen für das ganze Team.

Fürs nächste Mal wünsche ich mir …###

… mehr Teilnehmer:innen im Konferenzraum.
… wieder so eine gute Mischung aus interaktiven Elementen und Input.
… dass wir über bis dahin konkret aufgetretene Probleme sprechen können.
… über konkrete Erfahrungen mit hybriden Arbeiten sprechen zu können, die wir bis dahin gemacht haben werden.
… eine Liste mit den neuen Tools.
… weitere Anwendungstools, die es noch gibt, ausprobieren.
… dass wir schon ein paar Erfahrungen sammeln konnten und damit konkrete Fragen stellen können.
… dass wir vielleicht sogar schon ein bisschen mehr Profis sind und alles viel selbstverständlicher ist/wird – dank des Workshops heute.
… gibt es im Nachgang eine Linkliste mit den Tools, die wir künftig verwenden können? Whiteboard et cetera.

Beispiel für ein Workshopfeedback per Chat

Starfish-Retrospektive

Leichtgewichtiges Feedback in fünf Ausprägungen

Feedbackmethode

Warum?

Feedback ist oft unausgewogen, enthält entweder zu viel Kritik oder zu viel Lob. Gleichzeitig können Einschätzungen dazu auch sehr unterschiedlich sein, was es den Empfangenden manchmal erschwert, das Feedback für sich einzuordnen.

Durch die Starfish-Retrospektive

- kann leichtgewichtig und ausgewogen Feedback dazu gegeben werden, was es zu bewahren und was es zu verändern gibt;
- lassen sich viele kleine Nuancen aufdecken und dadurch konkrete Optimierungsoptionen identifizieren;

- werden unterschiedliche Präferenzen deutlich, weil manchmal bei »mehr« die gleichen Punkte auftauchen wie bei »weniger«;
- haben alle die Möglichkeit, die persönlich wichtigsten Punkte zurückzumelden.

Wie?

Bereite als Moderierende:r den Rahmen vor, in dem das Feedback erhoben werden soll, entweder auf einem digitalen Whiteboard (die meisten bieten fertige Retrospektive-Templates) oder auf der Metaplanwand.

- Du benötigst fünf Bereiche: »weiter so«, »mehr«, »weniger«, »anfangen«, »aufhören«.
- Setze eine Timebox von circa fünf Minuten.
- Weise darauf hin, dass das Ausfüllen in Stille erfolgt, sich dabei von anderen Karten inspirieren zu lassen jedoch ausdrücklich erwünscht ist.

Beispiel eines Templates für eine Starfish-Retrospektive

Achtung!

Erfahrungsgemäß landen die meisten Karten bei den Kategorien »weiter so«, »mehr« oder »anfangen«. Du kannst in der Anmoderation alle Teilnehmenden bitten, zu jeder Kategorie eine Karte zu schreiben. Das wird vielleicht mit Augenrollen aufgenommen, führt aber dazu, dass noch mehr Optimierungspotenzial identifiziert wird.

4L-Retrospektive

Aus vier Blickwinkeln zurückschauen

Feedbackmethode

Warum?

Zum Abschluss eines Projekts oder eines Meetings gibt es immer wertvolle Erkenntnisse, die ohne Rückschau leicht verloren gehen können. Ohne konkrete Struktur ist es jedoch oft schwer, die Erkenntnisse zu erfassen.

Durch die 4L-Retrospektive

- wird strukturiert erfasst, was den Teilnehmenden eines Projekts oder eines Meetings gefallen hat, was sie gelernt haben, was ihnen gefehlt hat und was sie sich wünschen;
- kann jede:r die Facetten einbringen, die persönlich als wichtig angesehen werden;
- besteht die Möglichkeit, wichtige Aspekte zu identifizieren und weiter zu vertiefen;
- lässt sich aus Vergangenem viel für Zukünftiges lernen.

Wie?

- Bereite als Moderierende:r den Rahmen vor, in dem das Feedback erhoben werden soll, entweder auf einem digitalen Whiteboard (die meisten bieten fertige Retrospektive-Templates) oder auf der Metaplanwand.
- Du benötigst vier Bereiche: I liked (ich mochte), I learned (ich lernte), I lacked (gefehlt hat mir), I longed for (ich wünschte).
- Setze eine Timebox von circa fünf Minuten und bitte die Teilnehmenden, möglichst alle vier Quadranten mit ihren Gedanken auf Post-its auszufüllen.
- Weise darauf hin, dass das Ausfüllen in Stille erfolgt, sich dabei von anderen Karten inspirieren zu lassen jedoch ausdrücklich erwünscht ist.

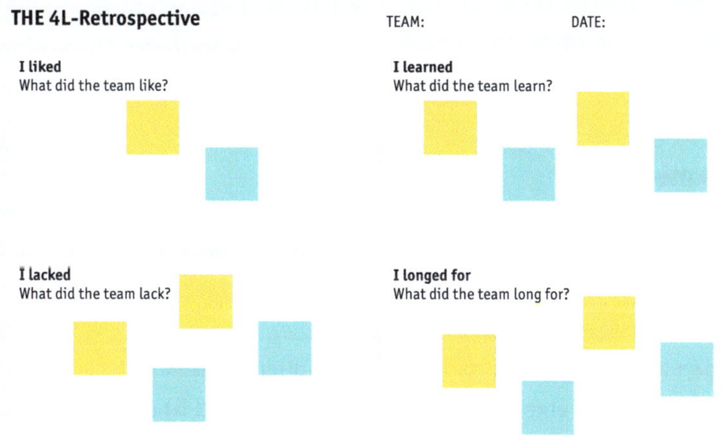

4L-Retrospektive Template eines digitalen Whiteboards

Achtung!

Sollte kein digitales Whiteboard zur Verfügung stehen, kann die Abfrage auch über den Chat erfolgen (nicht anonym). Die Timebox sollte pro Frage nicht kürzer als eine Minute sein. Eine verbale Abschlussrunde, in der jede:r seine wichtigste Karte vorstellt, kann danach ein schöner Abschluss sein.

Aktives Zuhören

Zuhören, um zu verstehen und nicht um zu antworten

Feedbackmethode

Warum?

In Meetings wird viel geredet, aber viel zu selten wirklich zugehört. Meinungen werden ausgetauscht, ohne dass die persönlichen Interessen dahinter erkennbar werden. Bei Online- und Hybrid-Meetings kommt dazu, dass Gestik und Mimik nur reduziert wahrnehmbar sind. So entstehen leicht Missverständnisse und aus räumlicher Distanz wird persönliche Distanz.

Durch Aktives Zuhören

- wird es leichter, persönliche Interessen und Haltungen zu verstehen;
- lassen sich Missverständnisse aufklären;
- bekommt bewusst nicht nur die fachliche, sondern auch die emotionale Ebene eines Themas Raum;
- kann persönliche Bindung entstehen.

Wie?

Setze die Methode als Moderierende:r in einem Meeting ein, um das gegenseitige Verständnis zu einem komplexen, schwierigen oder persönlichen Thema zu fördern.

Formuliere eine konkrete Fragestellung, bilde Zweiergruppen (A und B) und erkläre den Ablauf:

- A beginnt damit, die Frage zu beantworten (Timebox maximal zwei Minuten);
- B hört nur zu, stellt keine Fragen und äußert keine eigene Meinung;
- danach gibt B das Verstandene nacheinander auf zwei Ebenen wieder: (1) die gehörten Inhalte und Fakten (2) die wahrgenommenen Gefühle (maximal zwei Minuten);

Wie läuft's gerade bei uns im Team?

Als Erzähler:in ...
... bist du so offen wie möglich.
... sprichst du über Wesentliches.
... zeigst du Emotionen.

Alles, was du erzählst, ist wichtig und wertvoll!

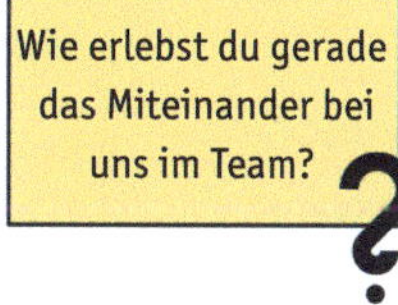

Als Zuhörer:in ...
... hörst du nur zu.
... stellst du keine Fragen.
... machst du dir keine Notizen.

Alles, was du wahrnimmst, ist wichtig und wertvoll!

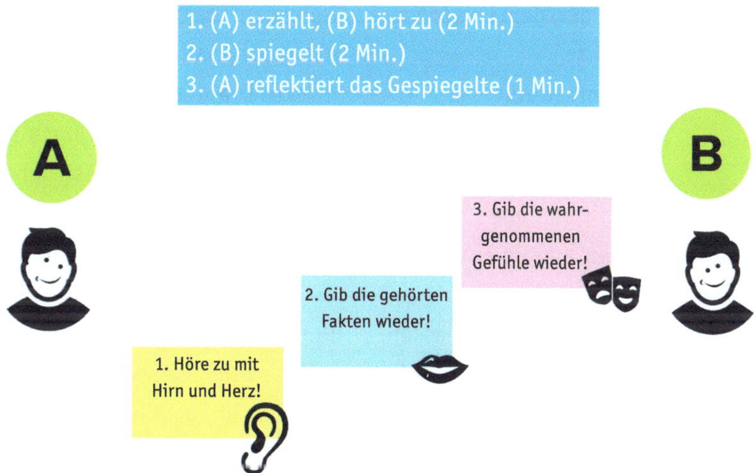

Beispiel für Ablauf des aktiven Zuhörens im Teammeeting

- zum Abschluss sagt A wie er/sie sich verstanden gefühlt hat (maximal eine Minute);
- danach werden die Rollen getauscht.

Damit sich ein ganzes Team aktiv zuhören kann, kannst du in einem (virtuellen) Stuhlkreis eine Kette bilden lassen:

- A berichtet, B hört aktiv zu, B berichtet, C hört aktiv zu, C berichtet, D hört aktiv zu ... der/dem Letzten in der Reihe wird von A aktiv zugehört;
- wer gerade nicht dran ist, hört einfach zu.

Achtung!

Aktives Zuhören ist erstaunlich wirksam, aber auch anstrengend. Achte als Moderierende:r auf die Einhaltung der Timeboxen und ermutige das Team, sich trotz anfänglichem Unbehagen auf die Methode einzulassen. Sie fördert unserer Erfahrung nach immer wertvolle Erkenntnisse zutage und lässt sich auch gut kurzerhand nutzen, wenn unerwartet Spannungen in einem Meeting entstehen.

Elefantendialog

Den Elefant im Raum mit Fingerspitzengefühl hinaus bewegen

Feedbackmethode

Warum?

Hybriden Teams fehlt durch die physische Distanz und die ausdrucksarme, digitale Kommunikation vielfach der direkte Draht zueinander. Aus kleinen Missverständnissen entstehen dadurch noch schneller Spannungen als in klassischen Teams. Ist der Elefant im Raum vor Ort schon spürbar, aber schwer benennbar, so ist er auf Distanz noch mal herausfordernder am Schopf zu packen.

Durch den Elefantendialog

- lassen sich Perspektiven auf ein spannungsgeladenes Thema im Team leichter klären,
- geht es Schritt für Schritt von schlechter Stimmung zu entspannterem Miteinander im Team,

- entstehen neue Erkenntnisse zu Hintergründen und konkreten Lösungsansätzen für schwierige Teamthemen.

Wie?

- Bitte als Moderierende:r alle Teammitglieder in einem Meeting darum, je ein schwieriges Teamthema auf ein (virtuelles) Post-it zu notieren und zu ergänzen, wie intensiv es sie beschäftigt auf einer Skala von 1 bis 10 und wen es im Team betrifft.
- Lasse die Post-its dann am (digitalen) Whiteboard sammeln und wählt gemeinsam das Thema und die Beteiligten mit dem meisten Klärungsbedarf aus.
- Als nächstes hören sich die Beteiligten zur Frage »Wie ist deine Sicht auf das Thema?« aktiv zu (zum besseren Verständnis bitte die Methode »Aktives Zuhören« lesen), jede:r Beteiligte hat also jeweils zwei Minuten, um die eigene Sicht aufs Thema darzulegen, der nächste Beteiligte gibt das Gehörte und Wahrgenommene bewusst auf zwei Ebenen (die Fakten und die Gefühle) maximal zwei Minuten lang wieder, und zwar so lange, bis alle sowohl erzählt als auch aktiv zugehört haben und sagen können »Ich fühle mich verstanden«.
- Wer das Thema benannt hatte, fängt im Anschluss damit an, einen konkreten Lösungsvorschlag zu formulieren, die anderen Beteiligten stimmen zu oder machen einen konkreten Alternativvorschlag. Die Vorschläge werden verhandelt, bis alle Beteiligten zustimmen können.
- Wenn sich die Luft danach gereinigt anfühlt (hierzu kannst du als Moderierende:r zum Beispiel eine kurze Einschätzung vom Team über den Chat einholen »Wie geklärt schätzt du die Lage ein?«), bittest du die Beteiligten, notwendige nächste Schritte zu vereinbaren, um den abgestimmten Lösungsvorschlag in die Tat umzusetzen.
- Moderiere weitere Durchgänge des Elefantendialoges, falls weitere Themen zu klären sind.

Ein Beispiel

In einem hybriden Team können zum Beispiel aus kleinen Missverständnisse große Spannungen entstehen, wenn kurze Sätze im Chat missverstanden werden. Oder wenn die schlechte Laune im Meeting nicht eingeordnet werden kann und persönlich genommen wird. Möglich auch, dass die eine das Taskboard für das Teilen wichtiger Informationen nutzt und der nächste die E-Mail. Der Elefantendialog schafft Raum, um zunächst mal Luft abzulassen und erst dann die überfälligen Vereinbarungen zu treffen.

Achtung!

Die Wirksamkeit des Elefantendialoges steht und fällt damit, dass sich die Beteiligten darauf einlassen, nicht einen Schritt vor den anderen zu machen und zu schnell zur Lösung zu springen. Stattdessen gilt es erst, das gegenseitige Verständnis sicherzustellen. Gleichzeitig ist genau das sehr ungewohnt. In der Moderation kannst du unterstützen, indem du darauf achtest, dass sich wirklich wechselseitig aktiv zugehört wird, also nur wiedergegeben und nicht kommentiert und bewertet wird. Falls sich keine Entspannung einstellt, können Pausen helfen oder bewusst ein Blick von außen eines Nicht-Beteiligten.

Downloadtipp

Im Downloadbereich dieses Buches findest du eine Schritt-für-Schritt-Anleitung für den Elefantendialog.

3.5 Modul 5: Rituale – Kleine Hebel für Wirgefühl auch auf Distanz

Als es abrupt vom Büro ins Homeoffice ging, war die Sorge bei vielen Menschen groß, dass die Qualität der Zusammenarbeit leiden würde. Erstaunlicherweise funktionierten die meisten Prozesse auch auf Distanz gut. Vor allem in Unternehmen, die beim Thema Digitalisierung schon weit fortgeschritten waren oder es schafften, hier in kurzer Zeit aufzuholen.

Was jedoch mit der Arbeit auf Distanz schnell zu bröckeln begann, war die gefühlte Nähe zueinander.

In bestehenden Teams können dabei die Teammitglieder von den über Jahre hinweg geknüpften Beziehungen, der Kenntnis über Vorlieben, Macken und Eigenarten der Kolleg:innen und einem bestehenden gegenseitigem Vertrauen profitieren. Neue Kolleg:innen zu integrieren, ist selbst für solche stabilen Teams herausfordernd.

Mit der Zusammenarbeit auf Distanz wächst das Bewusstsein, wie wichtig die im Büro als selbstverständlich genommenen, kleinen, informellen Zusammenkünfte für ein produktives und motiviertes Miteinander sind. Der morgendliche Gang zur Kaffeemaschine. Das kurze Gespräch beim zufälligen Aufeinandertreffen im Büro Flur. Das gemeinsame Mittagessen. Der kurze Austausch auf dem Weg zum Parkplatz. All diese Rituale stärken den Teamgeist.

Laut Duden ist ein Ritual ein »wiederholtes, immer gleichbleibendes und regelmäßiges Vorgehen nach einer festgelegten Ordnung«[17].

»This is who we are. This is right. This is what we look forward to and who we will continue to be across generations.«[18]

Barbara Fiese, amerikanische Ritualforscherin

Auch wenn sich Barbara Fiese auf Rituale in Familien bezieht, steckt im Kern auch für hybride Teams viel Wahres drin. Wir Menschen streben nach Zugehörigkeit, im Privaten wie im Beruflichen. Rituale bedienen dieses Grundbedürfnis nach Bindung.[19] Grundbedürfnis deshalb, weil es uns als Jäger und Sammler einmal das Überleben sicherte. Wer auf sich allein gestellt war, bezahlte das schnell mit dem Leben. In den Teamalltag übertragen: Wer nicht zum Team gehört und dementsprechend auch nicht mitmachen kann, fühlt sich schnell außen vor. Rituale schweißen ein Team zusammen.

Unbewusst bemüht sich jeder Mensch, zu einer Gruppe oder einem Team dazuzugehören. Deshalb sind wir Ritualen gegenüber so aufgeschlossen. Weniger bewusst ist uns, dass wir auch im Arbeitskontext Rituale pflegen. Wir feiern gemeinsam Geburtstage, Abschiede, Projekterfolge, den Urlaubsbeginn und wenn Kolleg:innen Kinder bekommen.

Es lohnt sich für ein hybrides Team, sich zu fragen, welche Rituale bereits unbewusst etabliert wurden und welche von denen, die im Büro vielleicht gang und gäbe waren, bisher noch keinen hybriden Ersatz gefunden haben. Denn gerade hybride Teams brauchen Rituale mehr denn je. Alte Rituale dürfen neu gedacht oder bewusst vor Ort gepflegt werden, neue dürfen hinzukommen.

Rituale schaffen Gelegenheiten für absichtsfreie Gespräche und gemeinsame Erinnerungen.

Ein wesentlicher Unterschied im hybriden Kontext ist, dass es bewusst jemanden braucht, der den Anstoß zum Initiieren von Ritualen gibt.

Dieses bewusste Gestalten mag zu Beginn ungewohnt sein. »Künstlich«, »nicht natürlich« sind Begriffe, die in diesem Kontext oft fallen. Gleichzeitig brauchen Rituale etwas Zeit und konsequentes Durchführen, um sich zu etablieren.

Von allein passiert wenig: Rituale bewusst kreieren

Der erste Schritt, um Rituale für den hybriden Zusammenarbeitsraum zu etablieren, ist einfach: Sprich das Thema an und schaffe ein Bewusstsein dafür.

Du kannst das Thema zum Beispiel in einem Teammeeting auf die Agenda setzen und das Team zu folgenden Fragen diskutieren lassen.

Hilfreiche Fragen zum Reflektieren von Ritualen

- Welche lieb gewonnenen Gewohnheiten haben sich in unserem Team bereits etabliert?
- Welche Rituale hatten wir früher, die mit der Zeit eingeschlafen sind?
- Wie könnten wir diese kleinen Rituale zeit- und ortsunabhängig leben?
- Wer möchte was tun, um die Rituale auch zukünftig am Leben zu erhalten?
- Welche Rituale sind uns aus anderen Teams bekannt?
- Welche weiteren Ideen für kleine, neue Rituale gibt es?
- Welche der Ideen wollen wir als Team ausprobieren?

Bei dieser Reflexionsrunde könnt ihr zum Beispiel auf einem digitalen Whiteboard (siehe Kapitel »Das digitale Whiteboard: Kreativ zusammenarbeiten«, Seite 46 ff.) arbeiten. Wenn ihr die Ergebnisse visualisiert und vereinbart, wann ihr das nächste Mal über eure Teamrituale sprechen wollt, steigen die Verbindlichkeit und damit die Chance, Rituale zu etablieren. Rituale brauchen einen Auslöser.[20] Wenn ein Ritual gut verankert ist, weiß jedes Teammitglied, was es erwarten und worauf es sich freuen kann. Gleichzeitig wird es auffallen, wenn das Ritual nicht praktiziert wird.

Folgende Anlässe sind oft mit einem Ritual verknüpft:

Regelmäßige Zeitpunkte

- Teammeeting,
- Wochenstart,
- Mittagspause,
- Feierabend.

Ortsgebundene Rituale

- Ankommen am Arbeitsplatz,
- das Büro verlassen,
- Kund:innentermin außer Haus.

Berufsbezogene Anlässe

- Neues Teammitglied,
- Kolleg:in verlässt das Team,
- Projektstart,
- Kund:innenanfrage,
- Vortrag,
- Projektabschluss.

Persönliche Anlässe

- Geburtstag,
- Weihnachten,
- Hochzeit,
- Geburt.

Aus Sonjas Praxis

Als unsere Teammeetings nur noch online stattgefunden haben, haben wir schnell gemerkt, dass der reine Austausch über Fachthemen nicht ausreicht. Wir haben die Frage der Woche ins Leben gerufen. Jede:r hat neben einem kurzen fachlichen Bericht die Frage der Woche beantwortet.

- »Was war dein erstes Auto und welche Anekdote hast du dazu?«
- »Würdest du lieber in die Zukunft oder die Vergangenheit reisen und warum?«
- »Was würdest du gerne einen Tag lang können?«

Es war erstaunlich, welche Leichtigkeit durch die Antworten in die Runde gekommen ist und wie viele Gemeinsamkeiten wir entdeckten.

Good Practices: Bewährte Rituale als Inspiration für verteilte Teams

Bei Ritualen ist Abgucken ausdrücklich erwünscht. Als Inspiration haben wir euch eine kleine Auswahl bewährter Rituale hybrider Teams zusammengestellt.

Hipp Hipp Hurra – ein Geburtstag!

Das wohl bekannteste Ritual: Geburtstag feiern. Auch verteilt lässt sich gemeinsam Kuchen essen, wenn sich jemand darum kümmert, egal ob selbst gebacken (und vorbeigebracht) oder online bestellt. Der Geburtstagsgruß lässt sich auch zeit- und ortsunabhängig als Sprachnachricht oder als kleiner Videozusammenschnitt übermitteln. Hierfür könnt ihr ein Videomeeting mit Grüßen vom Team aufzeichnen und etwas Besonderes hinzufügen, indem zum Beispiel jede:r das gleiche Sektglas vor dem Bildschirm in der Hand hält und es dann von Bild zu Bild weiterwandern lässt. Auch könnt ihr eine digitale Geburtstagskarte gemeinsam auf einem digitalen Whiteboard erstellen.

Willkommen im Team

Der erste Eindruck zählt. Heißt neue Teammitglieder willkommen mit Blumengrüßen, verschiedenen Postkarten, die jedes Teammitglied dem Newbie nach Hause sendet oder anderen Aufmerksamkeiten. Ihr könnt eine kleine Kennenlernrunde veranstalten, in der jede:r davon berichtet, welche Superhelden- und welche Nervensägen-Eigenschaften in ihr oder ihm schlummern.

Starten wir doch mal still

Es ist für die meisten völlig normal, von Termin zu Termin zu hetzen. Fokus und Achtsamkeit bleiben dabei auf der Strecke. Etabliert als Gegengewicht doch ein bis fünf stille Minuten zu Beginn eines Teammeetings, zum Beispiel verbunden mit den freundlichen Aufforderungen, gedanklich abzuschließen mit dem, was bis eben war und sich auf das zu fokussieren, was im folgenden Meeting wichtig wird.

Das Beste zum Schluss

Haltet gemeinsam an, wenn es etwas abzuschließen oder zu feiern gibt. Das können abgeschlossene Projekte sein oder der Austritt von Teammitgliedern. Reflektiert gemeinsam Höhepunkte, Tiefpunkte und welche wichtigen Erkenntnisse ihr mitnehmen wollt in das, was als Nächstes ansteht.

Morgens ein Gruß

Wenn ihr schon morgens gemeinsam keinen Kaffee trinken könnt, so könnt ihr euch Fotos von euren Kaffeetassen schicken. Wenn ihr jeden Morgen mit dem Hund rausgeht, könnt ihr ein Foto eurer Spaziergang-Strecke im Teamchat teilen.

Aus unserem Thinktank

Damit wir als Team auf Distanz eng abgestimmt ein Buch schreiben konnten, haben wir uns einiges einfallen lassen. Wir schicken uns beispielsweise regelmäßig morgens Fotos vom Blick aus dem Fenster oder eine andere Inspiration. Es ist unser gemeinsamer, verteilter Start in den Tag. Und es ist viel motivierender, so begrüßt zu werden, als einfach direkt mit der Schreibarbeit zu beginnen.

Ein inspirierender Impuls

Inspiration ist ein guter Motor für Teamarbeit. Schafft euch doch einen eigenen Kommunikationskanal genau für dieses Thema. Dann teilt ihr jeden Tag mindestens eine Inspiration, zum Beispiel in Form eines Bildes, eines Zitats, eines Podcasts oder eines Artikels. Manchmal entstehen aus diesen kleinen Inspirationen die besten Ideen und Gespräche.

Bewegende Gespräche

Meetings müssen nicht nur am Rechner stattfinden. Ihr könnt zum Beispiel die erste halbe Stunde eures Teammeetings als Spaziergang mit Smartphone und Headset einplanen. Selbst wenn jemand mal nicht raus will, wissen alle anderen, dass in der ersten halben Stunde keine Folien geteilt werden. Während des Spaziergangs kann der Sprechende kurz berichten, worauf sie/er gerade blickt.

Das Lieblingsrezept

Statt gemeinsam in die Kantine zu gehen, könnt ihr reihum eure Lieblingsgerichte kochen. Alternativ könnt ihr an einem bestimmten Tag alle beim jeweiligen Italiener um die Ecke Pizza bestellen. Oder in der aufwandärmsten Version euch einfach Fotos von eurem Essen schicken.

Coffee Dates

Innerhalb des Teams sprechen gerne die immer Gleichen miteinander. Dies lässt sich mit der Zufallsfunktion bei der Breakout-Raum Erstellung ändern. Kombiniert mit einer guten Frage (zum Beispiel die von »https://digitaler-stuhlkreis.de/kennenlernen«) ergeben sich oft gute Gespräche.

Lookalike Friday

Statt Casual Friday im Büro gibt es den Lookalike Friday in der hybriden Arbeitswelt. Identifiziert jede Woche ein anderes Lookalike – das liebste Urlaubsziel im virtuellen Hintergrund, ein blaues Oberteil, das jede:r trägt oder den überflüssigsten Gegenstand eures Haushalts – und lasst es in die Kamera halten.

All diese good practices können für euch als Team funktionieren oder auch nicht. Wenn ihr sie als Inspiration versteht und für euch weiterentwickelt, stehen die Chancen gut, dass sie sich nach kurzer Zeit nicht mehr künstlich anfühlen. Deswegen empfehlen wir: Sprecht alles als Einladung aus. Einladungen können angenommen oder abgelehnt werden.

Seht die Möglichkeit der Rituale wie ein Buffet. Wer sich wie oft bedient, liegt bei jedem selbst und ist in jedem Fall in Ordnung. Solltet ihr feststellen, dass euch die Rituale zusammenschweißen, werden sie sich wie von allein etablieren.

3.6 Modul 6: Kultur – Unersetzliche Basis für den Teamerfolg

Kultur ist die Art und Weise, wie wir zusammenarbeiten. Es sind die gelebten Selbstverständlichkeiten. Bewusst wird uns dieses Wie im Miteinander vor allem, wenn wir in einem neuen Team oder einer neuen Organisation anfangen. Je länger wir dabeibleiben, desto selbstverständlicher wird es für uns und wir hören auf, den Modus der Zusammenarbeit zu hinterfragen. Es wird für uns normal, dass Meetings planlos verlaufen oder dass sich niemand zu Wort meldet, wenn unangenehme Themen auf den Tisch kommen. Im Gegensatz dazu kann es auch normal sein, dass die Meinungen aller im Meeting zählen und Unangenehmes so früh angesprochen wird, dass aus der Mücke erst gar kein Elefant wird. Unternehmenskultur ist als informeller Rahmen nicht einfach so da. Es ist die gewachsene Konsequenz des unbewussten und bewussten Miteinander.

Jede:r von uns entscheidet tagtäglich mit darüber, in welcher Art von Kultur wir zusammenarbeiten. Mit jedem (Nicht-) Handeln wird Kultur gestaltet.

Manchmal lassen sich äußere Gegebenheiten nicht verändern. Was wir immer ändern können, ist unsere Haltung. Wie wir an etwas herangehen und anderen begegnen. Offen und wertschätzend oder beurteilend und genervt? Das gilt für die Überprüfung alter Glaubenssätze wie »Unsere Kultur kann sich nur vor Ort entwickeln«, genauso wie für die Gestaltung der Zusammenarbeit.

Für die Gestaltung einer guten Basis für hybride Zusammenarbeit braucht es Geduld, mit sich selbst und anderen. Beharrlichkeit, Frustrationstoleranz und vor allem Neugier statt Bewertung. Wenn das gelingt, stehen die Chancen gut, dass das Vorhaben gelingt.

In diesem Kapitel geht es darum, die kulturellen Hebel zu beleuchten, von deren Ausprägung es in hohem Maße abhängt, ob hybride Teams mehr miteinander erreichen können:

- Führungskultur,
- Fehlerkultur,
- Feedbackkultur,
- Lernkultur,
- Selbstführung.

Wir fokussieren uns dabei auf die kleinen, aber konkreten Nuancen der Kultur, die tagtäglich erlebt und somit auch jederzeit verändert werden können.

Führungskultur: Raum und Rahmen geben

Führen im hybriden Raum stellt neue Anforderungen an die Kompetenzen einer Führungskraft. Das Forschungsprojekt »Digital Work Design – Turning Risks into Chances«[21] extrahierte fünf essenzielle Anforderungen an Führung im Kontext der digitalen Transformation:

1. **Umgang mit VUCA als Kernkompetenz**[22]
   - Volatilität: Geschwindigkeit und Stärke von Veränderungen, die mit Instabilität und Turbulenz einhergehen.
   - Unsicherheit: das Fehlen von Informationen und Unplanbarkeit beziehungsweise Kontrolle von Ereignissen.
   - Komplexität: gleichzeitige und teilweise verschachtelte Prozesse und Informationen.
   - Ambiguität: Unklarheiten, zum Beispiel über Rollen, Aufgaben, Entscheidungsbefugnisse und so weiter.
2. **Entwicklung neuer Arten von Teamarbeit**
3. **Demokratisierung der Organisation**
4. **Beziehungsmanagement über alle Ebenen hinweg**
5. **Aufmerksamkeitsfokus auf Gesundheit**

Führungskräfte von hybriden Teams müssen also Wege finden, um Strukturen zu flexibilisieren, Entscheidungen trotz Unsicherheit zu treffen, mehr Verantwortung ins Team zu delegieren und Beziehungen trotz Distanz zu intensivieren. Und dürfen dabei das individuelle Wohlbefinden nicht aus dem Blick verlieren.

Die sechs Module der hybriden Team-Zentrale liefern bereits konkrete Ansatzpunkte, um hybride Strukturen zu gestalten und die Teamarbeit zu mehr Partizipation und Kommunikation auf Augenhöhe weiterzuentwickeln.

In diesem Kapitel geht es nun darum, wie Führung bewusst noch mehr darauf einwirken kann, produktive Beziehungen auch auf Distanz zu fördern.

Gerade Führungskräfte, deren Führungsstil bisher (vielleicht unbewusst) auf sichtbarer, an Anwesenheit geknüpfter Kontrolle fußte und sich weniger an reinen Ergebnissen orientierte, stehen vor der Herausforderung, sich weiterentwickeln zu müssen.

Es gibt zahlreiche Führungs- und Leadership-Modelle, die hierzu Orientierung und Inspiration bieten. Wir sind überzeugt, dass es für Führen im hybriden Raum kein weiteres braucht. Stattdessen lohnt es sich, die Modelle, die bereits existieren, auf den hybriden Kontext hin zu hinterfragen und zu identifizieren, wie sie im veränderten Kontext mit Leben gefüllt werden können.

Bei hybrider Führung geht es im Wesentlichen darum, ohne räumliche Präsenz und Nähe einen Rahmen zu schaffen, in dem Menschen gut und gerne zusammenarbeiten.

Wir stellen im Folgenden das PERMA-Lead-Modell, das auf der positiven Psychologie nach Martin Seligman[23] fußt, vor und übertragen die Aspekte exemplarisch auf hybride Teams. PERMA ist ein Akronym, das sich aus den Anfangsbuchstaben von fünf Aspekten zusammensetzt. Die Aspekte zielen darauf ab, ein gutes Arbeitsklima zu schaffen, in dem Menschen motiviert und engagiert auf ihr Ziel hinarbeiten. Genau das, was essenziell ist, damit hybride Teamarbeit gelingt.

PERMA steht für fünf Führungsaspekte, die das Arbeitsklima positiv beeinflussen

P = positive Emotionen
E = Engagement
R = Relationship (Beziehung)
M = Meaning (Bedeutung)
A = Accomplishment (Erreichtes)

P wie positive Emotionen

Bei positiven Emotionen geht es ums Fokussieren auf Positives. Wir erleben im Coaching von Führungskräften oft, dass sie sich sehr auf Probleme fokussieren. Wenn ein Projekterfolg da ist, nehmen sie sich selten die Zeit, ihn zu würdigen, weil die Aufmerksamkeit schon dem nächsten Projekt gilt. Um dafür zu sorgen, positiven Emotionen mehr Raum im Teamalltag zu geben, kannst du als Führungskraft zum Beispiel die folgenden Dinge tun:

Positiven Emotionen einen festen Platz im Teammeeting einräumen: Beantwortet dafür im Team zum Beispiel folgende Fragen: Wofür bin ich diese Woche dankbar? Worüber habe ich mich gefreut? Worauf bin ich stolz? Wenn du als Führungskraft als erstes beginnst und ehrlich und offen sprichst, stehen die Chancen gut, dass andere folgen. Gib allen einen stillen Moment zum Nachdenken, bevor sie beginnen, die Fragen zu beantworten.

Positives Feedback weitergeben: Wenn eine Führungskraft positives Feedback zu einem Mitarbeitenden erhält, erfahren die entsprechenden Teammitglieder oft nichts davon. Gerade wenn du das Feedback schriftlich erhältst, ist es ein leichtes, es weiterzuleiten. Auch ein gezieltes Nachfragen bei Kolleg:innen oder Kund:innen, was sie an einem Teammitglied schätzen, liefert wertvolle Möglichkeiten, positiven Emotionen eine Bühne zu geben.

Die eigene Stimme bewusst einsetzen: Körpersprache und die eigene Stimme transportieren viele Emotionen, die sich auf das Umfeld übertragen. Durch die deutlich reduzierte Körpersprache in Online-Meetings erhält die Stimme noch mehr Gewicht. Sich dieser Tatsache bewusst zu sein und im Austausch mit Mitarbeiter:innen im wahrsten Sinne des Wortes auf einen guten Ton zu achten, schafft eine Atmosphäre, in der positive Emotionen entstehen können.

E wie Engagement

Menschen sind zufriedener, wenn sie an einer Aufgabe arbeiten, hinter der sie stehen. Engagierte Mitarbeitende zu haben ist etwas, was sich wohl jede Führungskraft wünscht. Damit dieses Engagement möglich wird, ist es wichtig, jedem die Chance zu geben, beitragen und die eigenen Stärken einbringen zu können.[24] Einige konkrete Aktivitäten, die du als Führungskraft tun kannst, um das Engagement in deinem hybriden Team zu steigern:

Stärken identifizieren und Teammitglieder entsprechend einsetzen: Konkrete, individuelle Stärken von Teammitgliedern zu benennen, kann herausfordernd sein. Es lohnt sich aber, es als Team explizit zu tun. Es ist erstaunlich, welche Stärken so gemeinsam entdeckt werden können (und nebenbei selbst zu erfahren, was andere an einem schätzen). Diese Transparenz hilft allen Beteiligten in der Zusammenarbeit, viel bewusster stärkenorientiert nach Unterstützung zu fragen.

Eine persönliche Bedienungsanleitung schreiben: Fast jedes technische Gerät bringt eine Bedienungsanleitung mit. Das wichtigste zur Nutzung kurz zusammengefasst. Der beste Rasenmäher bringt nichts, wenn ich damit versuche, einen Nagel in die Wand zu schlagen. Leider kommen Kolleg:innen nicht mit einer Anleitung am Rücken vorbei. Das ist schade und kann so manches Potenzial verschwenden. Um eine erste Version eurer persönlichen Bedienungsanleitung zu schreiben, kann jede:r für sich folgende Fragen beantworten und die Antworten anschließend im Team teilen. (Weitere Fragen lassen sich unter dem Stichwort »Bedienungsanleitung für mich selbst« im Internet finden).

- Welche Aktivitäten geben mir Energie?
- Welche rauben mir Energie?
- Welche besonderen Fähigkeiten besitze ich?
- Welches Verhalten von mir verstehen Menschen oft falsch?
- Unter welchen Rahmenbedingungen kann ich am besten arbeiten?

Partizipative Methoden einsetzen: Im Kapitel »Modul 4: Methoden – Ansätze für mehr Augenhöhe und Kreativität im Miteinander« haben wir viele kleine Methoden zusammengestellt, die Zusammenarbeit und Beteiligung auf Augenhöhe fördern. Du kannst bei der Leitung von Meetings darauf achten, diese Methoden bewusst einzusetzen. So entstehen nicht nur bessere Lösungen, da mehrere Perspektiven integriert sind. Methoden sorgen auch für mehr Spaß und Engagement. Im Kapitel »Die Meetings: Rahmen schaffen in hybriden Räumen« ab Seite 187 findest du weitere Tipps beschrieben, wie du die hybriden Team-Räume partizipativ gestalten kannst.

R wie Relationship (Beziehung)

Menschen sind soziale Wesen und brauchen Beziehungen zu anderen wie die Luft zum Atmen. Gleichzeitig gibt es Beziehungen, die Energie rauben und andererseits solche, die beflügeln. Als hybride Führungskraft solltest du einen Rahmen schaffen, in dem auch auf Distanz Beziehungen wachsen können.

Gesprächsanlässe schaffen: Du kannst als Führungskraft dafür sorgen, dass die Beziehungen innerhalb deines Teams kontinuierlich durch gute Gespräche gestärkt werden, indem du für Gesprächsanlässe sorgst. Schaffe Gelegenheiten, bei denen sich die hybriden Teammitglieder auf persönlicher Ebene austauschen und besser kennenlernen können. Dazu kannst du zum Beispiel den Beginn des regelmäßigen Teammeetings nutzen und das Team in Zweiergruppen für fünf Minuten in einen Breakout-Raum mit ein bis zwei Kennenlernfragen schicken. Inspirationen zu Fragen findest du im Kapitel »Moderationsmethoden: Gleichberechtigt austauschen«.

Gemeinsame Erinnerungen schaffen: Du kannst einen Rahmen schaffen, in dem Erinnerungen entstehen, die zusammenschweißen. Das kann bei Vor-Ort-Terminen genauso wie bei Online-Meetings der Fall sein. An das Meeting, in dem jede:r den überflüssigsten Gegenstand seines Haushaltes in die Kamera hält und dann das Team gemeinsam überlegt, wie dieser Gegenstand das aktuelle Projekt weiterbringen könnte, werden sich alle noch lange erinnern.

Wenn du es als Führungskraft schaffst, deinem Team den Sinn und die tiefere Bedeutung hinter einer Aufgabe zu vermitteln, werden ungeahnte Kräfte und Kreativität freigesetzt.

M wie Meaning (Bedeutung)

Kaum etwas sorgt für mehr Frust, als eine Aufgabe erledigen zu müssen, die keinen Sinn ergibt. Erfahrungsgemäß wird nur selten klar über den Sinn einer Aufgabe gesprochen. Es wird davon ausgegangen, dass er allen Beteiligten schon klar ist. Nur ist leider oft das Gegenteil der Fall. Wenn wir Workshops zum Warum moderieren, erleben wir regelmäßig intensive Diskussionen verbunden mit großen Aha-Effekten. Anschließend erleben wir dann Teams, die motiviert daran arbeiten, als sinnvoll empfundene Aufgaben umzusetzen. Als Führungskraft kannst du im Alltag zum Beispiel Folgendes tun, um den Sinn einer Aufgabe zu verdeutlichen:

Starte Meetings mit dem Warum: Mit dem, was ihr durch eure Aktivität, euren Einsatz, eure Kreativität verändern und erreichen wollt. Manchmal reichen zwei Sätze, um alle daran zu erinnern, warum etwas getan wird. Das gilt für kleine Themen genauso wie für große.

Mach den persönlichen Beitrag klar: Es ist sinnvoll, Teammitglieder, wie im Absatz Engagement beschrieben, stärkenorientiert einzusetzen. Wichtig ist es auch, ihnen zu vermitteln, was ihr persönlicher Beitrag zur Erreichung des Ziels ist und warum es wichtig ist, dass sie Teil des Teams sind. Ein gemeinsamer virtueller Kaffeetermin kann für solch ein stärkendes Gespräch bereits ausreichen.

A wie Accomplishment

Wann immer wir Menschen in ein Thema Zeit und Energie investieren, wollen wir mit unserem Tun etwas bewirken. Eine im besten Fall spürbare Veränderung erzeugen. Was viel zu oft auf der Strecke bleibt: das Erreichte auch zu würdigen und sich zusammen zu freuen. Erreichtes kann unterschiedlicher Natur sein. Es kann sich um eine neu erworbene Fähigkeit handeln, oder um einen erfolgreich angepassten Prozess, der jetzt viel kundenfreundlicher ist. Erreichtes muss nicht immer messbar sein. Entscheidend für ein gutes Arbeitsklima ist es, dem Erreichten Raum zu geben.

Das geht zum Beispiel durch folgende Aktivitäten:

Darüber freuen, was erreicht wurde: Im letzten Teammeeting im Monat schaut ihr gemeinsam, was ihr erreicht habt. Und freut euch darüber. Wenn ihr möchtet, könnt ihr diese Session noch verbinden mit der Frage: Was habe ich diesen Monat gelernt?

Erreichtes zusammen archivieren: Ihr könnt am Ende einer Arbeitswoche oder eines Sprints ein Ritual etablieren, bei dem ihr alle Taskboard-Karten, die in der Spalte »Done« stehen, gemeinsam archiviert. Und wenn dort nur zwei Karten stehen, ist dies meist ein Indikator, dass die Karten zu groß geschnitten sind und ihr das in Zukunft berücksichtigen könnt. Damit sich der Fokus dauerhaft auf das Positive richtet und somit Rückschläge und Frustration leichter ausgehalten werden können, ist Kontinuität sehr entscheidend. Egal, was du machst, wenn du es nur ein paar Mal machst, ist es ganz nett. Aber erst dadurch, dass es fester Bestandteil eurer Zusammenarbeit wird, entfaltet sich die wahre Wirkung.

Fehlerkultur: Vom Umgang mit Fehlern

In der Schule haben wir gelernt, dass es darum geht, Fehler unbedingt zu vermeiden. Fehler wurden fett in rot und gut sichtbar markiert. Lieber nur melden, wenn wir die richtige Antwort hatten. Was gut war, wurde weit weniger prominent hervorgehoben.

Mit dieser Haltung stellen wir uns heute in vielen Situationen selbst ein Bein. In komplexen Umfeldern entsteht die Lösung erst im Machen: »ausprobieren – wahrnehmen – agieren« lautet hier die Schrittfolge.[25] Dadurch, dass es keine eindeutige Lösung gibt, kann nur durch das Ausprobieren herausgefunden werden, was funktioniert. Werden diese Schritte durch Angst vor Fehlern begleitet, kann eine neue Lösung gar nicht erst entstehen.

Nur mit dem Ansatz des Ausprobierens haben Start-ups eine Chance, am Markt zu bestehen.[26] Diese Haltung ist zum Beispiel die Basis des innovativen Wirtschaftens im Silicon Valley. John C. Maxwell bringt es wie folgt auf den Punkt.

»Fail early, fail often, but always fail forward.«

John C. Maxwell, US-amerikanischer Buchautor, Redner, Coach und Pastor

Um hybride Zusammenarbeit erfolgreich zu gestalten, müsst ihr es euch als Team (zu)trauen, auszuprobieren, anzupassen und wieder zu verwerfen. Dann kommt das, was produktive von unproduktiven Fehlern unterscheidet: die Lernschleife (siehe Kapitel »Lernkultur: Neues in den Alltag integrieren«, Seite 155 ff.).

Wir lernen weniger durchs Machen als durch das anschießende Anhalten und Reflektieren.

Kinder machen es uns in ihrer Entwicklung vor, wie »fail forward« geht. Laufen zu lernen ist zum Beispiel ein langer, zwischendrin sehr fehlerbehafteter und frustrierender Lernprozess. Alle Etappen, vom Krabbeln über das erste Hochziehen bis hin zum sicheren Gang, sind durch minimale Fortschritte und viele Fehlversuche gekennzeichnet. Aus jedem Fehlversuch lernt das Kind und wird beim nächsten Mal ein kleines bisschen besser. Der Unterschied zu uns Erwachsenen: Kinder lernen laufen, selbst wenn sie dabei zu hören bekommen, dass die Anstrengungen eh nichts bringen und es wahrscheinlich niemals gelingen wird.

Als Erwachsene brauchen wir hingegen viel mehr Ermutigung und das Vertrauen, dass unsere Fehler nicht gegen uns verwendet werden. So eine Umgebung bezeichnet die Harvard-Professorin Amy Edmondson als psychologisch sicher.

Das Konzept der psychologischen Sicherheit wurde 1999 von ihr begründet und seitdem in unterschiedlichen Forschungen (zum Beispiel zu Innovation, Agilität und Diversität) aufgegriffen und bestätigt. Der Begriff steht für die Gewissheit innerhalb eines Teams, dass Risiken eingegangen werden können, ohne sich dabei unsicher zu fühlen.[27]

Bekanntheit erlangte das Konzept 2016 durch das Forschungsprojekt »Aristoteles« von Google.[28] Google untersuchte dafür mehr als einhundertachtzig interne Teams, um herauszufinden, was High-Performance-Teams von anderen unterscheidet. Im Ergebnis stellte sich heraus, dass nicht die Teamzusammensetzung, die Diversität oder die Intelligenz der Teammitglieder entscheidend ist, sondern die Art und Weise, wie sie zusammenarbeiten. Als Indikatoren der Untersuchung dienten unter anderem die unterschiedlichen Redeanteile bei der Arbeit im Team und die soziale Empathie, gemessen mit dem »The Reading the Mind in the Eyes Test«[29].

Laut der Organisation »Great Place To Work« arbeiten Teams mit hoher psychologischer Sicherheit zehnmal effektiver zusammen als Teams, die durch andere Anreize wie Boni und Vergütungen motiviert sind.[30] Für hybride Teams, die sowohl motiviert als auch produktiv zusammenarbeiten wollen, ist es also eine gute Idee, die psychologische Sicherheit und damit die Bereitschaft, Fehler zu machen und Risiken einzugehen, zu stärken.

In ihrem TedX Talk[31] empfiehlt Amy Edmondson dafür drei einfache Wege, wie jedes Teammitglied psychologische Sicherheit unterstützen kann:

- Arbeitsaufgaben als eine Lernherausforderung betrachten und nicht nur als etwas, das es umzusetzen gilt (»Frame the work as a learning problem, not an execution problem«).
- Die eigene Fehlbarkeit anerkennen (»Acknowledge your own fallibility«).
- Neugier vorleben und jede Menge Fragen stellen (»Model curiosity and ask lots of questions«).

Alle Methoden und Werkzeuge der hybriden Team-Zentrale, insbesondere rund um die Praktiken Partizipieren und Reflektieren, fördern eine Kultur

- in der alle gehört werden;
- in der Fehler machen und daraus lernen gewünscht ist;
- in der sich jede:r sicher genug fühlt, sich menschlich und damit fehlbar zu zeigen;
- in der es explizit erlaubt ist, Fragen zu stellen, Ideen zu kreieren und Bedenken zu äußern.

Wie es mit der psychologischen Sicherheit im Team bestellt ist, lässt sich auch mit einer teaminternen, anonymen Umfrage feststellen. Die folgenden vier Fragen empfiehlt dafür zum Beispiel Marc Löffler, Autor von »Die Scrum Master Journey«[32]:

Erstens: Werde ich täglich mit Respekt und Würde behandelt, ganz egal welchem Geschlecht, welcher Nationalität, welcher Rasse, welcher Ausbildung, welchem Rang oder anderer Dinge ich angehöre?

Zweitens: Bekomme ich alles, was ich benötige (Training, Ausbildung, Werkzeuge und Förderung), sodass ich einen guten Job machen kann, der meinem Leben auch Sinn gibt?

Drittens: Kann ich jederzeit meine Ideen einbringen, Bestehendes hinterfragen und Fehler machen, ohne Angst haben zu müssen, dass ich dafür in irgendeiner Form bestraft werde?

Viertens: Habe ich das Gefühl, dass ich jeden Tag jemanden benennen kann, der sich für mich interessiert und mir regelmäßig bedeutsame, aufrichtige Anerkennung gibt?

Die Ergebnisse einer solchen Umfrage bieten eine gute Basis für einen Austausch darüber, wie sicher sich das Team aktuell fühlt und wer was dazu beitragen kann, es weiter positiv zu beeinflussen.

Aus unserem Thinktank

Das hybride Team-Modell ist zu Beginn im intensiven Brainstorming mit schier unzähligen Post-its auf einem Mural Whiteboard entstanden. Uns trieb die Frage um, was es braucht, damit hybride Zusammenarbeit gelingt und wie Teams diesen Weg gut ebnen können. Daraus entstand ein erstes Big Picture, das die Erfolgsfaktoren auf den Punkt bringen sollte. Wir führten viele Gespräche und arbeiteten mit diversen Teams, um diese Faktoren nach und nach abzuklopfen und mit Leben zu füllen. Dieses Machen, das regelmäßige Reflektieren, Weiterentwickeln und auch Verwerfen hat letztlich zu dem Modell geführt, was wir in diesem Buch beschreiben. Mit dem ersten Big Picture hat es nicht mehr viel zu tun.

Das Fehlermachen und daraus lernen vorleben

Der größte Hebel im Verändern und Verankern von Kultur ist das Vorleben. Als Gestalter:in zum Beispiel kannst du vorleben, dass Fehler machen erlaubt ist. »Walk the talk« ist ein sehr wirksamer, aber nicht immer komfortabler Ansatz. Wenn du es schaffst, den eigenen Worten konsequent Taten folgen zu lassen, dienst du als Vorbild. Wenn du zum Beispiel offen sagst, wenn du etwas nicht weißt oder das Team fragst, ob jemand eine Idee hat, wie etwas zu lösen ist.

Aus Gesines Praxis

Moderieren im Online- und Hybridsetting ist immer fehlerbehaftet. Selbst mit intensiver Vorbereitung und der besten Technik samt Back-ups geht immer etwas schief. Ich habe die Erfahrung gemacht, wie entlastend es für mich, aber auch für alle anderen Teilnehmenden ist, dies zu akzeptieren und offen zu benennen. Am Anfang von Workshops kläre ich deshalb immer ein paar hilfreiche Prinzipien, wie zum Beispiel den Umgang mit Mikrofonen, Kameras und Handmeldungen. Das wichtigste Prinzip für mich ist aber Folgendes: »Bleibt gelassen, es wird in jedem Fall etwas schief gehen in diesem Workshop«. Es ist erstaunlich, wie groß die Wirkung dieses Prinzips ist. Wenn ich dann nämlich mal vergesse, mein Mikrofon anzuschalten oder den Bildschirm zu teilen, ernte ich Lächeln in der Runde statt Augenrollen. Und in Feedbacks lese ich dann immer wieder etwas vom gut vorgelebten Umgang mit Fehlern, obwohl das kein Thema auf der Agenda war.

Das Fehlermachen und daraus lernen explizit erlauben

Ihr könnt auch explizit aufschreiben, dass Fehler machen und daraus zu lernen erlaubt und erwünscht ist. Sodass es für alle unmissverständlich ist. Für diesen Weg hat sich zum Beispiel der britische Government Digital Service entschieden und die »It's-okay-to«-Liste[33] formuliert. Diese Liste hängt als Poster aus und hilft neuen

It's okay to ...

- say »I don't know«
- ask for more clarity
- stay at home when you feel ill
- say you don't understand
- ask what acronyms stand for
- ask why, and why not
- forget things
- introduce yourself
- depend on the team
- ask for help
- not know everything
- have quiet days
- have loud days, to talk, joke and laugh
- put your headphones on
- say »no« when you're too busy
- make mistakes
- sing
- sigh
- not check your email out of hours
- not check your email constantly during hours
- just slack it
- walk over and ask someone face-to-face
- go somewhere else to concentrate
- offer feedback on other people's work
- challenge things you're not comfortable with
- say yes when anyone does a coffee run
- prefer tea
- snack
- have a messy desk
- have a tidy desk
- work how you like to work
- ask the management to fix it
- have off-days
- have days off

»It's-okay-to«-Liste des britischen Government Digital Service

Teammitgliedern, die ungeschriebenen Gesetze schneller zu verstehen.

Eine hilfreiche Übung zum Fördern einer Fehlerkultur
Berichtet euch gegenseitig von einer Situation, in der ihr einen (großen) Fehler gemacht habt und was ihr daraus gelernt habt.

Feedbackkultur: Kontinuierlich besser werden

Feedback ist der direkteste Weg, um kontinuierlich dazu zu lernen und besser zu werden. Hybride Zusammenarbeit ist kein statisches Konstrukt, sondern dauerhaft im Fluss. Deshalb ist Feedback besonders wichtig.

> Wenn Feedback einen festen Platz im Alltag hat, kommt die kontinuierliche Weiterentwicklung der Zusammenarbeit fast von allein.

Ein weiterer Grund, warum Feedback in unseren Augen im hybriden Raum unerlässlich ist: Schriftliche Kommunikation wirkt oft unpersönlich. Ein »Alles klar« im Chat kann vom gegenüber ganz unterschiedlich aufgefasst werden, während ein gesprochenes »Alles klar« Aufschluss darüber gibt, inwieweit wirklich alles klar ist oder das Gegenteil der Fall ist. Tendenziell gilt: Schriftliche Kommunikation wird vom gegenüber oft negativer aufgenommen, als sie gemeint ist. Das kann in Unsicherheit und unnötigem Unbehagen resultieren.

Viele kennen Feedback primär aus Eins-zu-eins-Situationen. In den letzten Jahren ist die agile Arbeitspraktik »Retrospektive«, das bewusste Reflektieren am Ende einer Arbeitsphase, immer populärer geworden.

Wann immer Feedback gegeben oder erhalten wird, ist die passende Haltung entscheidend, damit es angenommen werden und in einer gewünschten Weiterentwicklung resultieren kann.

Im Folgenden zeigen wir anhand des Eins-zu-eins-Feedbacks auf, wie Feedback grundsätzlich funktioniert, welche Art von Haltung hilfreich ist und wie sie kultiviert werden kann. Anschließend gehen wir von der individuellen Ebene auf die Teamebene, und damit die Ebene, auf der ihr kollektiv eure hybride Zusammenarbeit weiterentwickeln könnt.

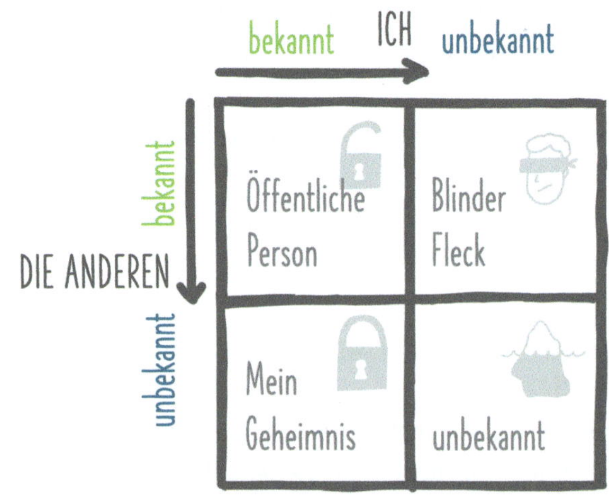

Das Johari-Fenster nach Luft und Ingham

Feedback kann blinde Flecken erhellen

Die beiden amerikanischen Sozialpsychologen Joseph Luft und Harry Ingham fassten ihre Erkenntnisse zu Feedback bereits 1955 im sogenannten Johari-Fenster zusammen.[34]

Manche Eigenschaften meiner Persönlichkeit sind mir bekannt und ich zeige sie mit meinem Verhalten offen anderen als öffentliche Person. Wenn ich mir beispielsweise bewusst bin, dass ich eher extrovertiert bin und das offen zeige, indem ich mich in Meetings schnell und häufig zu Wort melde.

Es kann auch Eigenschaften meiner Persönlichkeit oder typische Verhaltensweisen geben, die mir bewusst sind, die ich aber für mich behalten möchte als »Mein Geheimnis«. Diese Anteile verberge ich bewusst. Wenn mich beispielsweise das Reden vor vielen Menschen stark verunsichert, ich es aber durch Schulungen in Rhetorik und Auftreten überspielen kann.

Und dann gibt es den sogenannten Blinden Fleck, dabei handelt es sich um Eigenschaften meiner Persönlichkeit oder typische Verhaltensweisen, die mir nicht bewusst sind, anderen aber auffallen. In stressigen Situationen schneller zu reden ist nur eins von vielen Beispielen.

Damit hybride Teams kontinuierlich besser werden können und das gegenseitige Vertrauen wächst, ist dieses Modell vor allem hinsichtlich zweier Aspekte hilfreich:

Erstens: Der blinde Fleck macht bewusst, dass Persönlichkeits- und Teamentwicklung nur über Feedback geht, da sonst Potenziale unentdeckt bleiben und nicht genutzt werden können. Die Zusammenarbeit auf Distanz erfordert besonders bewusstes und konkretes Feedback, da sich die blinden Flecken sonst potenzieren.

Zweitens: Wer sich traut, einen Ausschnitt von »Mein Geheimnis« mit dem Rest des hybriden Teams zu teilen, zeigt sich nahbar und verletzlich. Über das Zulassen von Verletzlichkeit entsteht eine tiefe Bindung, wie wir spätestens seit den Forschungen zu zwischenmenschlichen Verbindungen von Brené Brown wissen[35].

Feedback ist ein sensibles Thema

Auch wenn vermutlich den meisten die Relevanz von Feedback sehr vertraut ist, fällt es trotzdem vielen Teams sehr schwer, es in ihren Arbeitsalltag zu integrieren.

Ob Feedback hilfreich ist oder kontraproduktiv wirkt, hat ganz viel damit zu tun, mit welcher Haltung es gegeben und auch entgegengenommen wird.

Feedback geben: die Haltung entscheidet

Wer Feedback gibt, macht das im besten Fall mit der Intention, das Gegenüber im Wachsen zu unterstützen. Das Gegenteil ist leider oft der Fall, da vielfach (unbewusst) versucht wird, das Gegenüber abzuwerten. Dahinter steckt manchmal das Bedürfnis, den eigenen Selbstwert damit kurzfristig zu erhöhen.[36]

Das Ziel von Feedback sollte immer sein, das Gegenüber wachsen zu lassen und nicht das eigene Ego zu polieren.

Drei Schritte zu Feedback, das ankommt

Der erste Schritt für wirksames Feedback ist, die eigene Intention zu schärfen und erst dann ins eigentliche Tun zu kommen.

Wenn du möchtest, dass dein Feedback eine Veränderung bewirkt, ist es hilfreich, sich die erwünschte Wirkung klarzumachen. Das dauert nicht lange und erhöht deutlich die Chancen, dass das Feedback angenommen wird.

Wenn der Wille da ist, die eigene Intention zu hinterfragen und zu schärfen, reicht es meistens aus, sich die folgenden zwei Fragen ehrlich zu beantworten.

Zwei hilfreiche Fragen vorab für Feedbackgeber:innen

- Was möchte ich bei meinem Gegenüber mit meinem Feedback positiv bewirken?
- Wie könnte ich es meinem Gegenüber erleichtern, das Feedback gut anzunehmen?

Der zweite Schritt auf dem Weg zum Feedbackgeben besteht darin, das Gegenüber zu fragen, ob es Feedback haben will. Die ernst gemeinte Frage, »Möchtest du Feedback haben?« ist ein Ausdruck von Wertschätzung und Augenhöhe.

Im dritten Schritt gibst du das eigentliche Feedback. Wie du es formulierst, hat auch großen Einfluss darauf, wie es angenommen wird. Leider sind wir Menschen so angelegt, dass wir uns Negatives besser und länger merken als Positives.[37] Um das Gehirn an der Stelle also zu überlisten, ist es entscheidend, dem Positiven mindestens so viel Raum zu geben wie dem Negativen, idealerweise sogar eher mehr.

Wie das gelingen kann, stellen die Autorinnen und Illustratorinnen Liz Fosslien und Mollie West Duffy[38] dar und machen damit deutlich, dass es nicht den einen richtigen Weg à la Feedback-Burger gibt (Feedbackmethode, die empfiehlt, Negatives wie einen Fleischklops zwischen Positivem wie im Burger Brötchen einzubetten), sondern viele Wege, Kritik und Lob miteinander zu verweben.

Wird in einer Atmosphäre zusammengearbeitet, in der sich regelmäßig gegenseitig Wertschätzung entgegengebracht wird, kann auch schwieriges Feedback leichter angenommen werden.

Im Kapitel »Feedbackmethoden: Kontinuierlich dazulernen« (Seite 116 ff.) haben wir Methoden zusammengestellt, die es erleichtern, gutes Feedback zu geben. Eine kleine, feine Methode, um zum Beispiel im Meeting Feedback zu geben zu geäußerten Ideen oder Lösungsvorschlägen, sei hier noch mal erwähnt:

Zwei hilfreiche Satzanfänge für Feedbackgeber:innen

1. Gut gefallen hat mir ...
2. Ich wünschte ...

Folgende Regeln können die Wirksamkeit des Feedbacks zusätzlich unterstützen:[39]

- Beschreibe Verhalten, statt es zu bewerten.
- Artikuliere die eigenen Gefühle mit Ich-Botschaften.
- Benenne klar eigene Ziele und Wünsche.
- Äußere nur Feedback zu begrenzten, veränderbaren Verhaltensweisen.
- Erkenne Positives an, um es zu verstärken.

Feedback empfangen: Chance auf persönliches Wachstum

Die Haltung des Feedbacknehmenden ist ebenfalls entscheidend für die Wirksamkeit des Feedbacks. Im Idealfall trifft Feedback auf ein ehrliches Interesse, sich weiterzuentwickeln und sowohl die Qualität der Arbeitsbeziehung als auch der Arbeitsergebnisse zu verbessern. Manchmal fällt es aus unterschiedlichen, teilweise persönlichen

Gründen schwer, Feedback anzunehmen. Die folgenden Gedanken können helfen, dass es leichter fällt:

- Feedback ist wie ein Buffet – du entscheidest, was du (an-)nimmst und was du liegen lässt.
- Wer dir Feedback gibt, meint es sehr wahrscheinlich gut mit dir, denn kaum jemand investiert Zeit und Energie, wenn einem das Gegenüber egal ist.
- Feedback bringt Klarheit, sowohl über Stärken als auch Entwicklungsfelder und bildet eine gute Grundlage für dein persönliches Wachstum.

Auch folgende Regeln können für das Empfangen von Feedback hilfreich sein:[40]

- Höre das Feedback an und bedanke dich.
- Gib keine Begründungen und Rechtfertigungen.
- Frage höchstens nach, wenn du etwas nicht verstanden hast.
- Entscheide selbst, was du beibehalten, verändern oder weiter beobachten möchtest.
- Sag dem Feedbackgebenden, was das Feedback bewirkt hat.

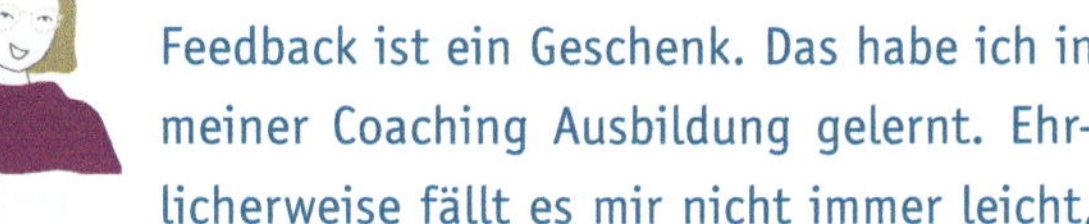

Aus Gesines Praxis

Feedback ist ein Geschenk. Das habe ich in meiner Coaching Ausbildung gelernt. Ehrlicherweise fällt es mir nicht immer leicht, diesen Satz mit Überzeugung zu füllen. Ich lasse mir viel Feedback geben: in jedem Workshop, Training, Coaching und Vortrag. Ich weiß, dass das die beste Möglichkeit ist, um dazuzulernen und zu wachsen. Gleichzeitig fürchte ich mich manchmal vor dem Feedback, gerade wenn ich mal den Eindruck habe, dass die Teilnehmenden nicht ganz so zufrieden wirken, wie ich mir das vorgestellt habe. In solchen Fällen hilft mir immer folgender Gedanke: «Falls es Unzufriedenheit gibt, ist sie eh da. Egal ob ich mir Feedback hole oder nicht. Hole ich mir Feedback, dann kann ich daraus etwas lernen. Hole ich mir das Feedback nicht, dann kann ich nur Rätsel raten und geredet wird dann anderswo.«

Das meiste, was ich über mich als Persönlichkeit und wie ich mich weiterentwickeln kann, gelernt habe, fußte nicht auf begeisterten Rückmeldungen, sondern die

Erkenntnisse entstanden vor allem dann, wenn jemand so mutig und aufrichtig war, mir die wahrgenommenen Entwicklungsfelder zu spiegeln.

Feedback alltäglich werden lassen im hybriden Team

Weil Feedback so entscheidend ist für den Erfolg eurer Zusammenarbeit auf Distanz, braucht es einen festen Platz im Teamalltag. Räumt ihm am besten einen fixen Agendapunkt auf eurem wiederkehrenden Team-Jour-fixe ein. Je öfter ihr es euch gebt, desto weniger Zeit und Energie wird es euch kosten.

Vier hilfreiche Fragen für Feedback im Team

- Was ist uns seit dem letzten Team-Jour-fixe richtig gut gelungen?
- Was funktioniert richtig gut in unserem Miteinander?
- Was fühlte sich eher schwierig an im Miteinander?
- Wie können wir uns miteinander weiterentwickeln?

Durch regelmäßiges Feedback, eingebettet in den Teamalltag, lässt sich den typischen Dysfunktionen am effektivsten vorbeugen – nicht nur in hybriden Teams.

Laut Patrick Lencioni[41] sind das:

- fehlendes Vertrauen,
- Scheu vor Konflikten,
- fehlendes Engagement,
- Scheu vor Verantwortung,
- keine Zielorientierung.

Das sind fast alles Entwicklungsfelder, die mehr mit dem Miteinander als mit Fachlichem zu tun haben. Deshalb reicht es nicht aus, Feedback auf Fachliches zu begrenzen, auch wenn das oft der einfachere Teil ist.

Dass es zu Konflikten kommt im Miteinander ist dabei völlig normal und nicht weiter schlimm, so lange sie lieber früher als später durch gezielten Austausch geklärt, und nicht unter den Teppich gekehrt werden.

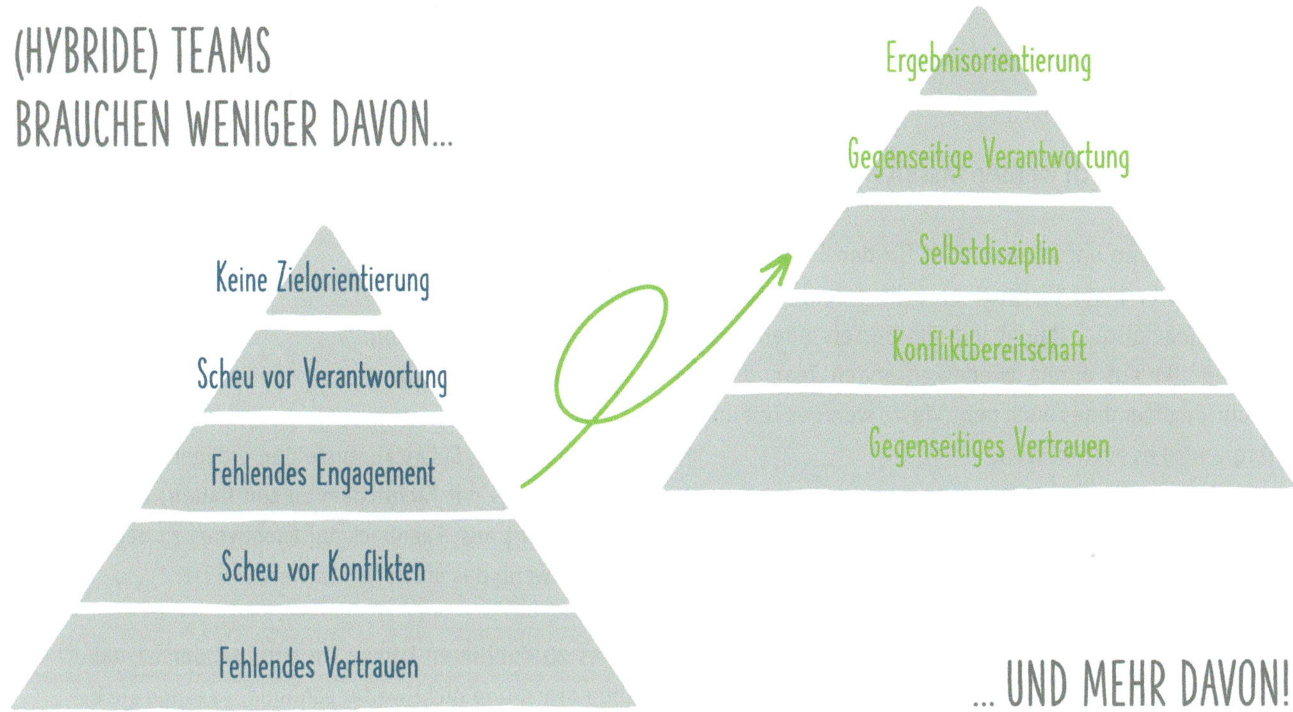

Fünf Dysfunktionen und Entwicklungsfelder eines Teams nach Lencioni

Im Kapitel »Feedbackmethoden: Kontinuierlich dazulernen« ab Seite 116 stellen wir euch zwei Methoden vor, die ihr in euren Team-Jour-fixe integrieren könnt: Das Aktive Zuhören und den Elefantendialog. Es kostet immer mal wieder Mut, sich schwierigen Themen zu stellen, aber die investierte Zeit und Energie wird sich mehr als bezahlt machen. Dann habt ihr als hybrides Team die Chance, mehr zu erreichen, da ihr die zuvor benannten fünf Dysfunktionen umkehren und laut Lencioni in folgenden Disziplinen punkten könnt:[42]

- Gegenseitiges Vertrauen,
- Konfliktbereitschaft,
- Selbstdisziplin,
- gegenseitige Verantwortung,
- Ergebnisorientierung.

Feedback in den hybriden Teamalltag zu integrieren, ist ein Lernprozess und wird nicht von heute auf morgen gelingen. Geht es daher am besten in kleinen Lernschritten an. Wie das konkret geht, darum geht es im folgenden Kapitel.

Lernkultur: Neues in den Alltag integrieren

Hybride Teams erreichen mehr, wenn sie es schaffen, dass kontinuierliches Lernen ein integraler Bestandteil ihres Alltags wird. Josh Waitzkin, der bereits im Alter von elf Jahren internationaler Meister im Schach war und später die Weltmeisterschaft im Mittelgewicht im Schattenboxen gewann, beschreibt in seinem Buch »The Art of Learning«[43], worauf es beim Lernen seiner Erfahrung nach ankommt:

- Die besten erworbenen Kompetenzen fußen auf vielen Verlusten in Form verlorener Spiele und Kämpfe; jeden Verlust oder Misserfolg als Lernchance zu sehen, ist eine hilfreiche Grundhaltung.
- Oft sind die Rahmenbedingungen zum Lernen und Leisten schlecht; die Kunst besteht darin, sich nicht vom Ärger über die nicht veränderbaren Rahmenbedingungen vereinnahmen zu lassen, sondern zu lernen, sie zu akzeptieren und die volle Aufmerksamkeit auf das Vorankommen zu lenken.

- Lernen braucht zwingend Intervalle, es braucht Zeiten der Konzentration und Anspannung genauso wie Zeiten der Entspannung und Erholung.

Wenn wir diese Erfahrungen auf hybride Teams übertragen, lassen sich ein paar hilfreiche Maxime ableiten.

Dranbleiben lohnt sich beim Umgestalten der Zusammenarbeit

Vieles wird zunächst nicht gelingen. In diesen Situationen genau hinzuschauen, woran es liegt und wie es anders gehen könnte, ist die große Chance, gute Lösungen zu finden. Das kann für den Einsatz einer konkreten Methode im Online-Meeting genauso gelten.

Suboptimale Rahmenbedingungen müssen kein Hindernis sein

Statt Gründe zu suchen, warum etwas nicht geht (zum Beispiel, weil manche Technik nicht zur Verfügung steht), lohnt es sich, zu schauen, wie aus den gegebenen Rahmenbedingungen das Beste herausgeholt werden kann.

Regelmäßige Pausen sind wichtig

Lernen braucht regelmäßige Pausen. Pausen, in denen nicht weiterentwickelt wird, in denen einfach das, was schon entstanden ist, genutzt wird. Und sich vielleicht einfach über das gefreut wird, was schon da ist.

Lernen findet immer außerhalb der Komfortzone statt

Lernen macht nicht immer Spaß. Es ist mit Unsicherheit und Unklarheit verbunden. Komfortabler und sicherer scheint es in der Komfortzone[44]. Sie ist zwar komfortabel, aber es geht auch nicht voran.

Eine Lernkultur zu etablieren, bedeutet, ein Umfeld zu schaffen, das dazu ermutigt, sichere Komfortzonen regelmäßig zu verlassen.

Lernen braucht ein Umfeld, in dem es möglich ist, sich voreinander als nicht-allwissend zu zeigen und miteinander Risiken einzugehen. Expert:innen wie der amerikanische Physiknobelpreisträger Carl Edwin Wieman behaupten, dass (fast) jede:r (fast) alles lernen kann.[45]

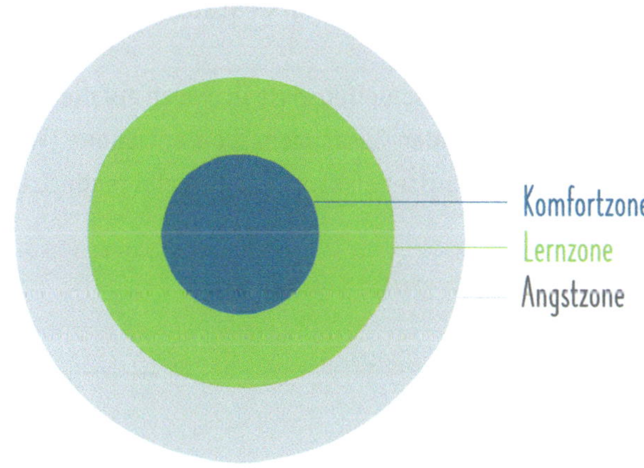

Das Lernzonen-Modell nach Senninger

So hieß es zum Beispiel lange, dass das absolute Gehör (die Fähigkeit, die Höhe eines gehörten Tons exakt bestimmen zu können) eine angeborene Sonderbegabung sei, über die nur eine:r von tausend Menschen verfügt. Im Jahr 2014 widerlegte eine japanische Wissenschaftlerin mit einem Experiment diese These. Sie rekrutierte vierundzwanzig normal begabte Kinder, die zwischen zwei und sechs Jahre alt waren. Pro Tag trainierten Musiklehrer:innen die Kinder für ein paar Minuten, Tonhöhen zu erkennen. Am Ende des Experiments hatten alle, die das Programm durchzogen, das absolute Gehör. Die Methode dahinter nennt sich »Aktives Lernen« und basiert darauf, dass sich Lernende mit den Inhalten auf unterschiedliche Arten eigenverantwortlich auseinandersetzen und Wissen nicht einfach nur konsumieren.[46]

Folgende Aspekte des aktiven Lernens lassen sich beispielsweise auf hybride Teams übertragen:

Hilfreicher, aktiver Lernmodus für hybride Teams

- Täglich etwas ausprobieren und reflektieren.
- In kleinen Schritten Lernschleifen durchlaufen.
- Akzeptieren, dass Geschwindigkeiten unterschiedlich sind.
- Herausfinden, wie sich jede:r einbringen kann.

Egal, ob im Sport, beim Klavierspielen oder bei der Zusammenarbeit: Es ist effektiver, täglich in kleinen Schritten überschaubare Lernschleifen zu durchlaufen, als in großen Zeitabständen große Themen zu erarbeiten.

Eine Lernschleife besteht, angelehnt an den PDCA Zyklus von William Edwards Deming[47] aus den Schritten »Vorbereiten, Machen, Reflektieren und Weiterentwickeln«.

Mögliche Lernschleifen beim Gestalten der hybriden Teamarbeit

Das Prinzip der Lernschleifen lässt sich auch auf die Etablierung der hybriden Zusammenarbeit anwenden. Wie so etwas konkret aussehen kann, zeigt das folgende Szenario.

Viele kleine, konsequente Lerneinheiten bringen deutlich mehr als eine große.

Die Ausgangslage

Ihr macht eine Bestandsaufnahme eurer hybriden Team-Zentrale und stellt fest, dass euch noch ein digitales Whiteboard fehlt. Das erschwert das gemeinsame Brainstormen in hybriden Meetings, weil ihr keine gemeinsame Basis und damit keine Möglichkeit habt, gemeinsam Post-its zu beschreiben. Ihr möchtet, dass alle Teilnehmenden im Meeting unabhängig von Ort und Zeit die gleiche Chance haben, um sich zu beteiligen. Statt direkt ein digitales Whiteboard einzuführen, sammelt ihr in einer ersten Feedbackschleife erste Erfahrungen. Da-

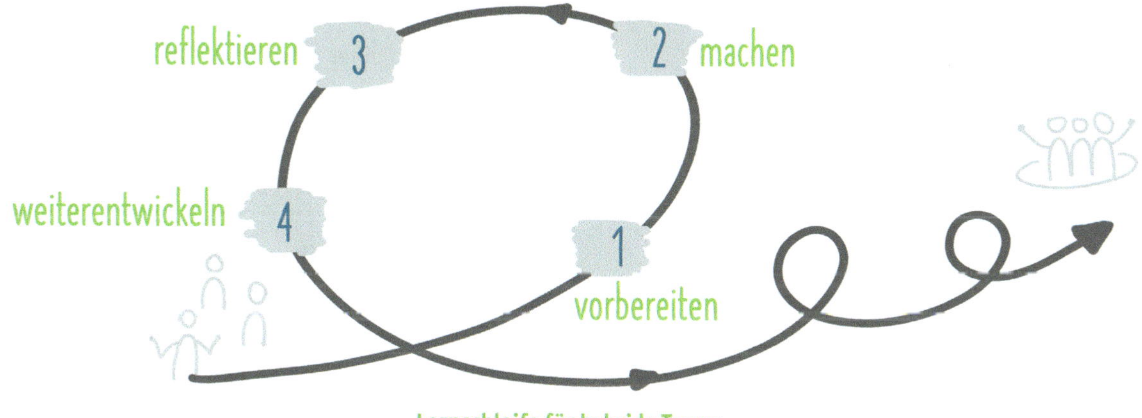

Lernschleife für hybride Teams

durch könnt ihr überprüfen, ob eure Grundannahme korrekt ist und es sich lohnt, weiter Zeit, Energie und Geld zu investieren.

Als nächstes beschreibt ihr eine erste Lernschleife, die im Kern aus dem besteht, was ihr sinnvollerweise machen könnt, um einen ersten kleinen Schritt Richtung definiertem Ziel zu gehen.

Erster Schritt: Vorbereiten

Zunächst definiert ihr ein realistisches Ziel für einen ersten kleinen Schritt Richtung Einführung eines digitalen Whiteboards. Euer Ziel lautet: »Wir identifizieren ein passendes Whiteboard und testen es in einem Hybrid-Meeting. Dabei wollen wir herausfinden, inwieweit es uns hilft, dass sich alle einbringen können und bessere Lösungen entstehen«.

Ihr entscheidet, anhand der folgenden Kriterien eure Erfahrungen zu bewerten:

- mit wenig Schulungsaufwand einfach nutzbar,
- von allen Geräten aus erreichbar,
- sorgt für bessere Arbeitsergebnisse,
- Ergebnisse lassen sich einfach auf zentraler Datenbasis sichern.

Eure Recherche hat ergeben, dass Miro, Mural und Conceptboard mögliche Anbieter sind. Eine Kollegin hat bereits Erfahrungen mit einem der Boards gemacht, deshalb startet ihr damit. Ihr organisiert ein Hybrid-Meeting und lasst alle wissen, was das Ziel ist. Ihr nutzt die Möglichkeit der asynchronen Meetingvorbereitung und lasst allen Beteiligten schon vorab ein Tutorial und einen Link zu einem Testboard zukommen.

Zweiter Schritt: Machen

Im Hybrid-Meeting nutzt ihr das Whiteboard in unterschiedlichen Varianten und typischen Aufgabenstellungen aus eurem Alltag. Ihr macht ein Silent Brainstorming und nutzt das Board, um Inhalte zu präsentieren, die ihr sonst in einer PowerPoint-Datei gezeigt hättet.

Dritter Schritt: Reflektieren

Am Ende des Meetings macht ihr eine kurze Runde, in der jede:r ihren/seinen ersten Eindruck schildert. Im Anschluss verschickt ihr ein Microsoft Forms Formular mit der Bitte, dort alle Kriterien zu bewerten. Zusätzlich gibt es noch vier Fragen, die euch die Bewertung erleichtern. Anschließend kommt ihr noch einmal in der Runde zusammen, die sich um das Thema Whiteboard kümmert, und reflektiert eure bisherigen Erfahrungen.

Vier beispielhafte Reflexionsfragen in einer Lernschleife

- Was haben wir erreicht?
- Was haben wir gelernt?
- Was fanden wir gut?
- Was hätten wir uns noch gewünscht?

Danach könnt ihr entscheiden, ob und wie ihr weitermacht. Vielleicht haben sich manche noch schwer getan mit der Nutzung, sodass das Kriterium »Mit wenig Schulung einfach nutzbar« nicht ausreichend erfüllt erscheint. Dann ist das das Thema, mit dem ihr in die nächste Phase, die Weiterentwicklung geht.

Vierter Schritt: Weiterentwickeln

Eine mögliche Weiterentwicklung der Lernschleife könnte so aussehen, dass ihr euch intensiver damit beschäftigt, wie es Nutzer:innen erleichtert werden kann, das Whiteboard zu nutzen. Beispielsweise durch eine einfachere Gestaltung, in dem Post-its von den Nutzer:innen nicht selbst angelegt werden müssen, sondern schon für sie vorbereitet bei der Aufgabenstellung bereitliegen, sodass sie nur noch angeklickt und direkt beschriftet werden können.

Ein anderer Weg könnte sein, im nächsten Meeting ein anderes Whiteboard auszuprobieren. In diesem Falle würdet ihr methodische Routine entwickeln und gleichzeitig ein weiteres Tool kennenlernen. Werden Lernschleifen zu groß gewählt, münden sie oft in Überforderung. Egal, ob ihr auf eurem Weg von Lernschleifen sprecht oder wie im agilen Projektmanagement von Sprints, entscheidend ist: ein klares Ziel zu haben, kleine Schritte zu machen, regelmäßig innezuhalten und die gemeinsamen Erkenntnisse zu reflektieren.

Lernschleifen, regelmäßiges Reflektieren und das entsprechende Anpassen des Tuns führen zu nachhaltigem Unternehmenserfolg. Oder um es mit Darwins Worten zu sagen: zum Survival of the fittest.

Selbstführung: Verantwortung für dich selbst übernehmen

Wenn du zeit- und ortsunabhängig arbeiten kannst, genießt du einige Freiheiten. Mit mehr Freiheiten steigt auch die Verantwortung, selbst gute Rahmenbedingungen zu schaffen, um gut und gesund arbeiten zu können. Es geht nicht mehr nur um eine Work-Life-Balance im Sinne eines Nebeneinanders, sondern vielmehr darum, das verwobene Miteinander aus Arbeit und Leben gut zu gestalten. Das ist für viele ungewohnt, teilweise auch unangenehm. Hybrides Arbeiten erfordert viel mehr Selbstorganisation und -verantwortung als klassische Arbeitsweisen. Im Geiste von New Work geht es darum, dich selbst mehr zu führen und dir klar zu werden, was du kannst, wo du Hilfe benötigst, wo deine Grenzen sind und wo du einen geeigneten Platz für dich im Arbeitsprozess siehst.[48]

Im Folgenden geben wir dir ein paar bewährte Praktiken und Werkzeuge an die Hand, um dich außerhalb des Büros gut selbst zu führen.

Fokussiere auf deinen Einflussbereich

Um dir selbst eine gute Führungskraft zu sein, hilft es, dich auf deinen eigenen Einflussbereich konzentrieren. Es macht laut Stephen Covey einen großen Unterschied, ob du dich auf Dinge konzentrierst, die von dir beeinflussbar sind oder auf Themen, die zwar für dich interessant, nur leider nicht beeinflussbar sind.[49] Viel zu oft beschäftigen wir uns mit Themen, die nicht, oder nur sehr bedingt von uns beeinflussbar sind, wie beispielsweise das Wetter oder die schlechte Laune eines Kunden. Dabei verlieren wir die Dinge aus den Augen, die wir beeinflussen und damit unsere Zufriedenheit steigern können.

Aus der Resilienzforschung von Klaus Lieb gibt es verschiedene Erkenntnisse, die helfen, seelisch stabil zu bleiben und die zudem alle direkt beeinflussbar sind:[50]

- Mindestens dreimal die Woche dreißig Minuten bewegen.
- Ausgewogen ernähren.
- Allenfalls mäßig Alkohol trinken.
- Den Arbeitstag im Homeoffice strukturieren: Arbeitszeiten festlegen, regelmäßig Pausen einlegen ohne Bildschirme, zum Essen den Schreibtisch verlassen.
- Persönliche Kontakte aufrechterhalten.
- Selbst für positive Gefühle sorgen, zum Beispiel durch ein gutes Essen oder etwas Schönes zu lesen zwischendurch.

Bedürfnisse im Homeoffice sind unterschiedlich

Dadurch, dass der physische Arbeitsort als gemeinsame Basis stark an Bedeutung verloren hat, zeigen sich unterschiedliche Bedürfnisse innerhalb eines hybriden Teams viel deutlicher.

»Remote work doesn't kill company culture, it reveals it.«

Darren Murph, Speaker, Head of Remote bei GitLab

Weniger starre Strukturen lassen mehr Individualität zu. Also tritt die Kultur, die Summe aus dem alltäglichen Verhalten von jedem Einzelnen im Team, stärker zu Tage. Und auf Distanz unterscheiden sich Verhalten und Perspektiven stärker voneinander als an einem zentralen Arbeitsort. Deutlich wird das zum Beispiel daran, wie unterschiedlich die Vor- und Nachteile vom Homeoffice eingeschätzt werden, laut einer DAK Studie mit mehr als zweitausend Beteiligten im Frühjahr 2021. Während die Vorteile mehr individueller Natur sind (persönlicher Zeitgewinn, mehr Zeitflexibilität, bessere Work-Life-Balance)[51], scheinen die Nachteile des Homeoffice mehr zu Lasten der kollektiven Teambedürfnisse zu gehen (beeinträchtigte Kommunikation im Team, erschwerter Zugang zu Arbeitsmaterialien).[52] Selbstführung ist an dieser Stelle eine entscheidende Kompetenz, um den eigenen Einflussbereich bewusst zu nutzen, die Vor- und Nachteile der hybriden Teamarbeit auszugleichen und eine stimmige Balance aus Einzel- und Teaminteressen zu finden.

Neue Strukturen und Rituale müssen her

Solange das Büro noch der übliche Ort für unsere Arbeit war, war uns selten bewusst, wie viel Sicherheit das Büro mit sich brachte. Halt und Orientierung gab uns zum Beispiel:

- der Hin- und Rückweg,
- der Gang von einem Meetingraum zum nächsten,
- der Small Talk an der Kaffeemaschine,
- die Mittagspausen mit dem Team,
- die Blicke und die Anwesenheit der anderen,
- das sich Füllen und Leeren der Büros.

Ohne das Büro als Fixpunkt fällt das meiste davon weg. Ein wichtiger Teil von Selbstführung besteht deshalb im Gestalten eigener Strukturen und Rituale.

Check-in Ritual

Ein Aufenthalt im Hotel beginnt immer mit einem Check-in und endet mit einem Check-out. Klar strukturiert gilt es, verschiedene Fragen zu beantworten. Etwas ähnliches kannst du auch im Homeoffice für dich selbst etablieren.

Hilfreiche Fragen für den Selbst-Check-in

- Wie geht es mir heute Morgen?
- Was ist mir heute wichtig?
- Was nehme ich mir für heute vor?

Diesen gedanklichen Check-in kannst du ergänzen um Aktivitäten wie lüften, Kaffee kochen und Wasser am Arbeitsplatz bereitstellen. Das geht auch in einem morgendlichen Kurztermin (siehe »Kommunikationsstruktur« in Kapitel 3.3) gemeinsam mit dem hybriden Team. Damit wir nicht ausbrennen, erfordert zeit- und ortsunabhängiges Arbeiten ein ausgeprägtes Maß an Selbstführung. Gesunde Strukturen und Rituale für uns selbst aufzubauen ist ein erster Schritt, sie mit Leben zu füllen der zweite.

Hilfreiche Fragen für den Team-Check-in

- Wie ist die Stimmungslage im Team heute Morgen?
- Was ist für uns als Team heute wichtig?
- Was ist für uns als Organisation heute wichtig?
- Was sollte heute ganz oben auf der Agenda stehen?

Den Tag strukturieren mit dem Kanban-Board

Statt einer normalen To-do-Liste kannst du dir auch ein persönliches Kanban-Board anlegen. Es hat mehr Spalten als die klassische To-do-Liste und trotzdem ist es sehr einfach aufgebaut mit drei Spalten: »To do – Doing – Done«. Bei Bedarf kommt noch die vierte Spalte »Waiting« dazu. Hier kannst du deine Tagesplanung durchführen und neben den beruflichen Tätigkeiten auch Pausen einplanen.

Die Vorteile eines solchen Kanban-Boards:

- Es ist einfach, du brauchst nur Post-its, entweder auf Papier oder digital auf dem Taskboard oder dem digitalen Whiteboard.
- Du entscheidest bewusst, welche Aufgabe du als nächstes angehst und strudelst weniger durch den Tag.
- Du siehst alles Geschaffte (sehr motivierend!).
- Du kannst gezielter schwierige und angenehme Aufgaben dosieren, und wenn die persönliche Mischung stimmt, dann ist der Tag weniger anstrengend.

Bewusste Pausen und Abgrenzung machen den Unterscheid

Im Hotel kann ich sowohl beruflich als auch privat einchecken. Im Homeoffice ist das nichts anderes. Beides findet an einem Ort statt. Nur tendiert das Berufliche dazu, uns so einzunehmen, dass wir die private Zeit für uns über den Tag oft vergessen. Es gibt eben auch keine Kolleg:innen, die uns zum Gang an die Kaffeemaschine oder zum Lunch um die Ecke auffordern. Auch bei den Pausen sind wir also viel mehr auf uns selbst gestellt. Und deshalb gehören die Pausen auch eingeplant und bewusst genutzt. Gerade mit vielen virtuellen Terminen brauchen wir eher mehr als weniger Momente zum Auftanken, da die virtuelle Arbeit uns mehr anstrengt, als wenn wir mit Menschen in einem Raum etwas erarbeiten. Vor allem, weil ein Großteil unserer Kommunikation sonst unbewusst erfolgt, wie zum Beispiel das Lesen der Mimik und Gestik der anderen. Diesen Mangel bewusst auszugleichen, kostet viel Energie. Und auch das Posieren vor der Kamera strengt uns unbewusst an. Gleichzeitig ermöglicht eben genau diese Kamera, uns dann doch möglichst gut wahrnehmen zu können. Bewusste und intensive Pausen sind also gefragt.

Impulse für bewusste und intensive Pausen

- Fixe Verabredungen mit uns selbst.
- Digital Detox: alle Bildschirme aus, raus in die echte Welt: kurzer Spaziergang, Gang auf den Balkon, Fenster auf und tief durchatmen.

- Bewegung jeder Art.
- Bewusst essen, nicht einfach nur etwas vor dem Bildschirm herunterschlingen.

Check-out Ritual

Wer einen Tag mit einem bewussten Check-in beginnt, der kann ihn genauso bewusst mit einem Check-out beenden.

Im abendlichen Check-out kannst du den Tag noch mal Revue passieren lassen und dich über alles Erledigte freuen. Zu einem guten Check-out gehört dann auch, den Arbeitstag praktisch abzuschließen. Laptop zu, und die Arbeitsunterlagen raus aus dem Sichtfeld. So als ob du im Hotel deine Tasche packst. Für deinen Check-out eignen sich zum Beispiel folgende Fragen:

- Wie geht es mir jetzt nach dem Arbeitstag?
- Was ist mir heute gelungen?
- Was habe ich heute gelernt?
- Was halte ich mir jetzt für morgen fest, sodass ich entspannt Feierabend machen kann?

Auch dies ist ein Ritual, das du mit dir selbst oder auch mit dem Rest des Teams pflegen kannst, sofern ihr euch auf gemeinsame Zeiten dafür festlegen könnt. Folgende Fragen können hilfreich sein für den Team-Check-out:

- Wie war der Tag heute für uns im Team?
- Was ist uns als Team heute gelungen?
- Was haben wir als Team heute gelernt?
- Was halten wir fest, damit wir jetzt entspannt in den Feierabend gehen können?

Aus Gesines Praxis

Mir hilft es, die Freiheit des Homeoffice auch bewusst zu genießen, indem ich in der Pause etwas mache, das im Büro so nicht geht: auf dem Balkon sitzen, den Vögeln lauschen, ein kurzes Gespräch mit dem Nachbarbalkon halten. Dabei tanke ich jede Menge neue Energie.

Die hybride Team-Formel: Sechs Praktiken für das tägliche Gestalten

4.1 Hybride Team-Formel: Der Überblick

Die sechs Praktiken der hybriden Team-Formel

Hybride Teamarbeit gelingt nicht von heute auf morgen. Wenn sie allerdings gelingt, dann nur, weil jede:r im Team jeden Tag mit kleinen Handlungen dazu beiträgt. Die hybride Team-Formel besteht aus genau sechs solcher konkreten Praktiken – fokussieren, partizipieren, visualisieren, digitalisieren, zentralisieren und reflektieren. Wenn es dir gelingt, diese Praktiken zum integralen Bestandteil deines und eures Alltags werden zu lassen, wird sich eure Zusammenarbeit jeden Tag ein kleines Stück weiterentwickeln.

Zur Verdeutlichung, was die hybride Team-Formel im Alltag bedeuten kann, wenden wir sie auf ein konkretes Team an. Es steht stellvertretend für alle Teams, die wir dabei begleiten durften, hybrid besser zusammenzuarbeiten.

Dürfen wir vorstellen? Das »Team Prototyp«, das auch hybrid gut und nah zusammenarbeiten möchte

Das zwanzigköpfige Team Prototyp arbeitet seit Jahren in einem Gebäude zusammen. Es gibt verschiedene Zweier- und Dreierbüros und diverse Besprechungsräume. Früher hat sich viel in der gemeinsamen Kaffeeküche abgespielt und die Mittagspausen wurden in kleinen Gruppen verbracht.

Fachlich wie persönlich ist das Team durchmischt. Es gibt Kolleg:innen wie Rita, die schon seit zwanzig Jahren dabei sind und andere wie Hannes, die erst vor kurzem dazugekommen sind und die gemeinsame Arbeit vor Ort im Büro nicht kennen. Einige sind technisch sehr affin, wie zum Beispiel Irina, die sich sehr schnell im Anfang 2020 eingeführten Microsoft TEAMS zurechtgefunden hat. Andere, wie Theo, stehen den neuen technischen Möglichkeiten eher zurückhaltend gegenüber und stellen regelmäßig Fragen nach grundlegenden Funktionen.

Dass sich die Zusammenarbeit durch den Wechsel in die Remotewelt stark verändert hat, fällt allen auf. Es ist schwieriger geworden, an Informationen zu kommen, weil nicht mehr einfach über den Schreibtisch gesprochen und mitgehört werden kann. Das zufällige Gespräch in der Kaffeeküche vermissen viele genauso wie das zwanglose Miteinander. Gleichzeitig schätzen sie die neue Flexibilität durch die Arbeit von zu Hause, da sie ihnen mehr Zeit für Hobbies und Familie lässt. Einige möchten wieder viel öfter ins Büro kommen. Andere hätten auch nichts dagegen, an fünf Tagen die Woche von zu Hause zu arbeiten.

Es bildet sich ein kleines, freiwilliges Projektteam, das sich darum kümmern will, Ideen zu sammeln und Maßnahmen zu entwickeln, um hybrid gut zusammen zu arbeiten. Yusuf als Teamleiter ist mit an Bord, genauso wie Karla, die viel Erfahrung mit Optimierungsprojekten mitbringt. Zuletzt gesellt sich auch noch das jüngste Teammitglied Hannes dazu, ein großer Fan von allem Digitalen. Die drei treffen sich einmal pro Woche online, um Ideen und Maßnahmen zu entwickeln. Im Prinzip sind alle dafür, an ihrer Zusammenarbeit zu arbeiten, auch wenn es für viele ungewohnt ist, am Wie zu arbeiten. Der Arbeitsdruck ist hoch, deswegen heißt es auch immer mal wieder, dass das Thema keine Priorität hat und die Zeit dafür einfach nicht reicht. Sabine und Matthias von der Geschäftsführung lassen dem Team erst mal freie Hand, entschieden haben sie bisher nur, dass mindestens fünfzig Prozent der Arbeitszeit weiterhin vor Ort stattfinden soll.

4.2 Fokussieren: Das Ziel im Auge behalten

Jede:r ist von einer Fülle von Themen und Ideen umgeben. Die Zeit und Energie eines jeden Einzelnen sind begrenzt und das Ziel sollte sein, die vorhandenen Ressourcen bestmöglich einzusetzen.

Dabei können sowohl Zeit als auch Energie in viele Aktivitäten gleichzeitig investiert werden mit dem Ergebnis, dass es nur in kleinen Schritten vorangeht. Manchmal geht es auch gar nicht voran, weil es so viele Ablenkungsmöglichkeiten gibt. Die eingehende E-Mail, der klingelnde Postbote, das spannende Seitenthema im Meeting oder der neue Webauftritt.

Die große Kunst besteht darin, möglichst viel Zeit und Energie auf die Erreichung eines(!) Ziels zu fokussieren. Und erst danach das nächste anzugehen.

Ziele können dabei unterschiedlich groß sein.

- Eine konkrete Aufgabe erledigen, mit dem Ziel, sie abzuschließen.
- Ein Meetingziel erreichen.
- Ein Projekt- oder Jahresziel erreichen.

Allen Zielen, egal, ob groß oder klein, ist gemein, dass sie nur mit Konsequenz und Fokus erreicht werden können. Dazu gehört, möglichst alle Tätigkeiten, die nicht dazu beitragen, dieses Ziel zu erreichen, zu reduzieren oder sogar zu eliminieren. Sich im Kreis drehende Diskussionen gehören genauso dazu wie das Suchen der aktuellen Dokumentenversion und das unnötige Warten auf Rückmeldung. Im Englischen gibt es das Prinzip »limit work in progress«.

Damit ihr im Team eure Zeit und Energie bestmöglich investieren könnt, lohnt es sich, die großen Ziele herunterzubrechen. In kleine, handhabbare Teilziele, die ihr dann mit vollem Fokus bearbeiten und abschließen könnt. Anschließend steht das nächste Teilziel im Fokus. Als Teilziel eignet sich alles, was euch dabei hilft, euer großes Ziel zu erreichen. Dazu gehört neben allen fachlichen Tätigkeiten auch das Aufsetzen und Pflegen einer guten Zusammenarbeitsbasis, eurer Team-Zentrale. Denn auch wenn es initial sowohl Zeit als auch Energie kostet, spart euch eine gut funktionierende Team-Zentrale im weiteren Verlauf genau das – viel Zeit und Energie. Eine gute Grundlage für eure hybride Zusammenarbeit macht eure Teamarbeit nicht nur angenehmer, sondern hilft euch, eure großen Ziele zu erreichen. Es lohnt, auch den Aufbau der hybriden Team-Zentrale in kleine Schritte herunterzubrechen und einen nach dem anderen anzugehen.

Habt ihr euch beispielsweise entschieden, eure Strukturen zu überarbeiten, dann startet zunächst mit einer Struktur, zum Beispiel eurer Meeting- oder Aufgabenstruktur. Sucht euch eine heraus und arbeitet an und mit ihr, bis sie zu euch passt und im Alltag Erleichterung verschafft. Dieser absolute Fokus auf ein kleines Puzzlestück führt dazu, dass ihr es schneller und besser abschließen könnt und die Änderungen meist nachhaltiger sind.

Erfolgreiche Teams zeichnen sich unter anderem durch Willen und ein klares Ziel aus.[53] Das klare Ziel ermöglicht es, alle Aktivitäten immer wieder darauf zu fokussieren. John Doerr beschreibt Fokus sogar als »Superpower #1«, um Ziele zu erreichen.[54]

Ein klarer Fokus setzt ein klares Ziel voraus. Deshalb starten wir beim Aufbau der Team-Zentrale mit dem Klären des Warum. Auch jede Meetingvorbereitung sollte mit der Definition des Meetingziels beginnen.

Immer wieder zu fokussieren ist anstrengend. Seht es als Teamaufgabe und als gemeinsame Verantwortung an. Ab und zu lohnt es sich zu prüfen, ob das Ziel eigentlich das richtige ist. Denn auch die beste, fokussierteste, effizienteste Arbeit bringt nichts, wenn das Ziel nicht passt.

Zum Beispiel Team Prototyp (siehe Seite 169): Mit Meinungsbildern das Ziel im Blick

In einem Teammeeting stellen Yusuf, Karla und Hannes zwei fokussierende Fragen per Online-Umfrage (siehe nächste Seite). Das Meinungsbild macht beim Thema Herausforderungen deutlich, dass es noch an der Technik hapert, bei der Kommunikation untereinander noch Luft nach oben ist und es noch nicht gut genug mit der Gleichberechtigung funktioniert. Auf der anderen Seite gibt es viel Übereinstimmung dazu, dass die hybride Zusammenarbeit bei den Themen Flexibilität, Produktivität und Effizienz jetzt schon punkten kann.

Diese Klarheit ermöglicht es dem Team, ein gemeinsames Warum und Wofür für die Arbeit an der hybriden Zusammenarbeit zu formulieren mit der Beantwortung einer dritten Frage:

Warum also wollen wir etwas verändern?

- Wir wollen Wege finden, um uns auch hybrid zuverlässig, vertrauensvoll und gleichberechtigt auszutauschen – und das unabhängig von Ort und Zeit.
- Wir wollen uns technisch so aufstellen, dass sich alle gut zurechtfinden, wir die neuen technischen Möglichkeiten zu unserem Vorteil nutzen und wir zentral und digital arbeiten.
- Wir streben für unsere Arbeitsweise eine gute Balance aus persönlicher Flexibilität und gemeinsamer Verbindlichkeit an.

Meinungsbild:
Was findest du im hybriden Arbeiten gerade besonders herausfordernd?

zeit- und kostenersparnis
zusammenhalt
flexibles arbeiten
work-life-balance
konzentration
motivation
flexible arbeitszeiten
sicherheit
moderation
akustik
zeitersparnis
teilnahmemöglichkeit
flexibilität
flexibel
hohe flexibilität
vertrauen
effizienz
bildschirmteilen
homeofficetauglich
ortsunabhängig
ungebundenheit
produktivität
interaktion
homeofficemöglichkeit
kreativität
technische möglichkeiten
höhere produktivität
räumliche unabhängigkeit
digitalisierung

Meinungsbild:
Was läuft gerade schon gut im hybriden Arbeiten?

Diese abgestimmte Zielsetzung bietet gute Voraussetzungen, um im hektischen Arbeitsalltag immer wieder darauf fokussieren zu können. Im Großen, wenn es darum geht, über bestimmte Themen und Projekte zu entscheiden und Ressourcen zuzuweisen. Im Kleinen, wenn sich in zukünftigen Meetings zum Thema hybride Zusammenarbeit in irrelevanten Details verheddert und auch mal die Relevanz in Frage gestellt wird.

Besonders in schwierigen und herausfordernden Phasen kann ein gemeinsames Warum helfen, die wichtigen nächsten Schritte zu identifizieren und auf sie zu fokussieren. Unser Team Prototyp diskutiert zum Beispiel immer wieder aufs Neue, ob das Thema hybride Zusammenarbeit wichtig und gut genug ist, um sich dafür regelmäßig in Meetings zu treffen. Mit dem Blick auf das gemeinsam formulierte Warum lässt sich immer wieder Einigkeit erzielen, dass es im Interesse aller ist, Zeit und Energie in das Thema zu investieren.

4.3 Partizipieren: Zusammen gelingt mehr als allein

Teamarbeit zeichnet sich dadurch aus, dass sich alle einbringen und durch ihre Fähigkeiten und ihren Einsatz dazu beitragen, dass das Ergebnis besser wird. Das bedeutet andersherum, dass diese Partizipation auch ermöglicht werden muss. In hybriden Teams haben wir drei Kategorien identifiziert, die dafür entscheidend sind.

Technik: Ohne Zugriff keine Beteiligung

Sorgt dafür, dass alle technisch zugreifen können. Auch das klingt banal, aber sobald ein:e Kolleg:in nicht auf das Whiteboard zugreifen oder im Microsoft Teams-Channel schreiben kann, ist er oder sie automatisch außen vor und kann nicht partizipieren. Das hat neben einer negativen Auswirkung auf die Teamzugehörigkeit auch Auswirkungen auf die Qualität des Ergebnisses, weil eben eine Perspektive weniger integriert ist.

Zeit: wer nicht da ist, kann nicht mitmachen

Damit jemand partizipieren kann, muss nicht nur technisch, sondern auch zeitlich die Möglichkeit dazu bestehen. Wenn ihr ein Meeting ansetzt, aber feststellt, dass eine relevante Person nicht dabei ist, gilt es bewusst zu entscheiden, ob das Meeting so überhaupt sinnvoll ist. Die bewusste Entscheidung, welche Inhalte synchron und welche asynchron bearbeitet werden können ist einer der wesentlichen Hebel, um partizipieren unabhängig vom Kalender für alle zu ermöglichen. Eine Übersicht, welche Tätigkeiten gut für asynchrones Arbeiten geeignet sind, findest du im Kapitel »Asynchrones Meeting: Wo Zeit und Ort in den Hintergrund treten«.

Moderation: den Rahmen gestalten

Selbst wenn Technik und Zeit gegeben sind, heißt das noch nicht zwingend, dass sich alle einbringen können. Oftmals dominieren insbesondere in Meetings:

- die Lauten,
- die Hierarchiestärksten,
- die alten Hasen.

Wenn es darum geht, dass alle ihre Meinungen gleichberechtigt äußern können, egal, ob sie introvertiert oder extrovertiert, CEO oder Praktikant:in sind, dann braucht das einen bewusst gestalteten Rahmen.

Das gilt generell für die Aufgaben- und Rollenverteilung genauso wie für die Art und Weise, wie in Meetings zusammengearbeitet wird. Gerade in Meetings ist die beliebteste Methode die »Freie Diskussion«. Beliebteste Methode deswegen, weil sie keinerlei Moderation erfordert. Gleichzeitig ist der Preis sehr hoch. Sie führt dazu, dass immer die gleichen reden und Vielfalt auf der Strecke bleibt.

Gibt es stattdessen jemanden, die/der moderiert und dafür sorgt, dass ein Rahmen geschaffen und gehalten wird, in dem sich alle einbringen können, steigt die Chance auf einen besseren Austausch enorm. Gleichzeitig braucht diese Person auch von allen anderen die Akzeptanz, diese Rolle ausfüllen zu dürfen und damit den Rahmen zu setzen. Geeignete Methoden für mehr Parti-

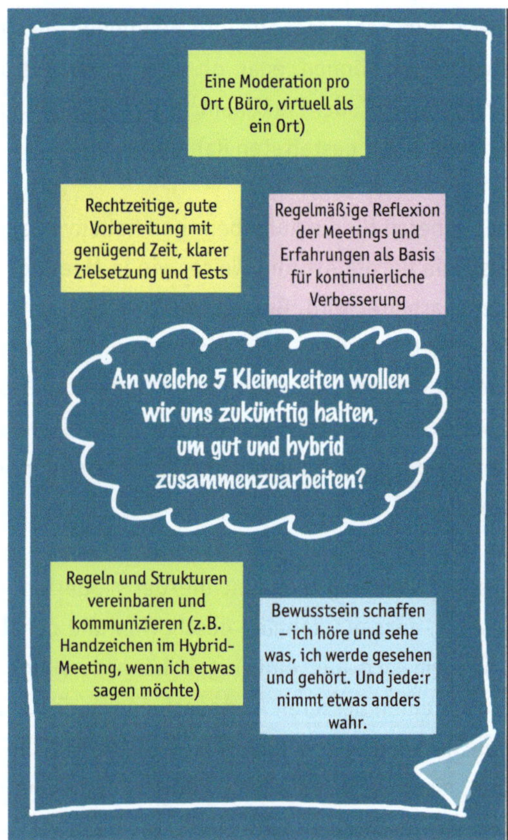

Beispiel einer Teamvereinbarung zur hybriden Teamarbeit

zipation und Augenhöhe finden sich im Kapitel »Moderationsmethoden: Gleichberechtigt austauschen«.

Zum Beispiel Team Prototyp (siehe Seite 169): Kürzere Meetings – bessere Ergebnisse

Unser Team Prototyp lädt regelmäßig mit genügend Vorlauf zu einem Meeting ein, in dem wichtige Vereinbarungen beim Thema hybride Zusammenarbeit getroffen werden sollen. Yusuf, Karla und Hannes wechseln sich inzwischen in den Terminen mit der Moderation ab und investieren vorher Zeit, um zu planen, wie sie die Themen in den Meetings mit möglichst viel Beteiligung erarbeiten können. Sie nutzen dafür gezielt Methoden. Das sorgt dafür, dass in den Meetings in kürzerer Zeit mehr Einigung entsteht als früher. Nach ersten holprigen Feldversuchen beim Thema Hybrid-Meetings, haben sie inzwischen die Technik so aufgestellt, dass alle gleich gut sicht- und hörbar sind. Auch die Nutzung des digitalen Whiteboards Conceptboard wird allmählich vertrauter, sodass sie sich beim letzten Termin in nur einer halben Stunde mit einem 1-2-4-All darauf verständigen konnten, an welche konkreten fünf Kleinigkeiten sich jetzt alle halten wollen, um gut und hybrid zusammenzuarbeiten.

4.4 Visualisieren: Ein Bild sagt mehr als tausend Worte

Visualisierungen helfen dabei, im Team ein gleiches Verständnis zu entwickeln. Wenn wir in unseren Workshops von Visualisieren sprechen, erleben wir oft als Reaktion »Das ist nichts für mich, ich kann nicht malen«. Dabei geht es bei Visualisierungen nicht darum, die nächste Mona Lisa zu erschaffen, sondern durch visuelle Unterstützung und einfache Grafiken dafür zu sorgen, dass im Team das gemeinsame Verständnis wächst. Jede:r hat in ihrem/seinem Kopf eine andere Vorstellung vom Thema – wenn es ein Team schafft, diese Vorstellungen grafisch zusammenzubringen, sinkt das Risiko, dass ihr aneinander vorbeiredet, signifikant. Die dadurch gewonnene Zeit und Energie stehen euch anderweitig zur Verfügung.

Aus Sonjas Praxis

Inspiriert von Tom Wujecs[55] TedTalk »Draw-Toast«, habe ich schon viele Teams den Prozess des Toastens malen lassen. Einen Prozess, den jede:r kennt, jede:r beherrscht. Anschließend haben wir gemeinsam die Bilder betrachtet und festgestellt: alle sind richtig, aber keines gleicht dem anderen. Anderer Prozessstartpunkt, anderes Detaillevel, anderer Schwerpunkt ... Im nächsten Schritt haben wir versucht, die unterschiedlichen Darstellungen zu vereinen – und hatten innerhalb kürzester Zeit eine Prozessbeschreibung, hinter der alle standen und die so facettenreich war, dass alle positiv überrascht waren. Eine kurze Übung, die die Kraft der Visualisierung immer wieder beeindruckend aufzeigt.

Dabei ist es fast egal, wo und wie ihr visualisiert. Eine Skizze auf dem digitalen Whiteboard, ein paar Kästen in PowerPoint, Post-its im Raum ... Wichtig ist, dass alle auf das gleiche schauen und somit eine gemeinsame Basis haben (besonders wichtig im Hybrid-Meeting, wo es keinen gemeinsamen Raum gibt!). Visualisierungen erleichtern es, weniger abstrakt zu sprechen und viel schneller auf die konkrete Ebene zu kommen. Auch die Visualisierung eines Ziels hat sich als sehr wertvoll erwiesen. Dabei muss es nicht mal eine ansprechende Grafik sein, schon allein das Verschriftlichen des Ziels und immer wieder gemeinsam draufschauen hilft, es nicht aus den Augen zu verlieren.

Das direkte Mitvisualisieren von Ergebnissen im Meeting führt zum Beispiel dazu,

- dass sich Missverständnisse schneller klären lassen,
- dass die Ergebnisse und Vereinbarungen direkt ohne Zeitverzug zur Verfügung stehen,
- dass insgesamt viel Zeit und Energie gespart wird.

Zum Beispiel Team Prototyp (siehe Seite 169): Erfolgsfaktoren auf einen Blick

Im Team Prototyp war Karla aufgefallen, dass oft diskutiert wird, worauf es ankommt, um die gesteckten Ziele für die Neugestaltung der hybriden Zusammenarbeit zu erreichen. Deshalb schlug sie vor, dass jede:r ein Blatt Papier nimmt und darstellt, was wichtig ist, damit das Projekt ein Erfolg wird.

Beim Blick auf die Bilder identifizierten sie folgende gemeinsame Erfolgsfaktoren:

- regelmäßig sprechen und dabei die Perspektive der anderen zulassen,
- auf die Lösung fokussieren und nicht nur Probleme wälzen,
- bei Unstimmigkeiten hinterfragen, welcher Weg zielführender ist.

Als das nächste Mal die Diskussion um den nächsten sinnvollen Schritt wieder auszuarten drohte, schauten sie auf ihre gemeinsamen Erfolgsfaktoren. Sie ließen dann reihum jede:n einmal kurz die Meinung äußern und einigten sich mit Blick auf ihr Ziel schnell auf die nächste Maßnahme.

Beispiel einer Visualisierung von Erfolgsfaktoren im Gestaltungsprojekt

4.5 Digitalisieren: Zeit- und ortsunabhängig zusammenarbeiten

In hybriden Teams ist nicht mehr das Büro der zentrale Ort, an dem alle Fäden zusammenlaufen, sondern die hybride Team-Zentrale. Es lohnt sich, die Zusammenarbeit so auszurichten, dass sie prinzipiell zeit- und ortsunabhängig stattfinden kann. Mit den in Kapitel 3.3 beschriebenen Werkzeugen in der Kombination mit guten Strukturen könnt ihr auf eine Basis vertrauen, die in jeder Konstellation trägt. Fast alle vorgestellten Werkzeuge gibt es auch analog – Post-its an der Wand als Taskboard, Moderationskarten an der Metaplanwand. Für alles gilt: Während sich die digitalen Varianten auch im Vor-Ort-Meeting einsetzen lassen, gilt das nur sehr eingeschränkt für Metaplanwände und Papier Post-its in Hybrid- oder Online-Meetings.

Ist das das Ende der gelben Papier-Post-its? Sicher nicht. Sie werden aber wahrscheinlich nur noch bei reinen Vor-Ort-Meetings erste Wahl sein. Denn um die darauf entstehenden Ideen dem nicht-anwesenden Teil des Teams vermitteln und später nutzen zu können, müssen sie im Nachgang digitalisiert werden. Ein zusätzlicher Zeitaufwand, der beim digitalen Brainstormen entfällt.

Hybride Zusammenarbeit funktioniert nur, wenn ihr die technischen Möglichkeiten habt und nutzt. Um sich hier möglichst viel manuelle Arbeit zu sparen, empfiehlt es sich, von vorneherein möglichst viele Ergebnisse digital zu erarbeiten und bereitzustellen.

Digitalisiert ihr Ergebnisse im Nachhinein, ist es sinnvoll, sich direkt etwas Zeit für die Digitalisierung im Anschluss einzuplanen. Die Digitalisierung von Inhalten findet idealerweise zeitnah zum eigentlichen Ereignis statt, weil zu diesem Zeitpunkt die Erinnerungen noch frisch sind.

Die Vorteile von digitalisierten Unterlagen:

- alle haben orts- und zeitunabhängig Zugriff,
- sie lassen sich elektronisch unterstützt durchsuchen,
- sie lassen sich leichter teilen,
- sie lassen sich leichter anpassen.

Zum Beispiel Team Prototyp (siehe Seite 169): Digitales kann Lästiges angenehmer machen

Im Rahmen der Neugestaltung der hybriden Zusammenarbeit hat sich das Team Prototyp darauf geeinigt, zukünftig mit zentralen digitalen Werkzeugen zu arbeiten. Dazu gehört auch ein Taskboard, das für gegenseitige Updates genauso genutzt wird wie für das Planen und Dokumentieren der wöchentlichen Team-Jour-Fixes. Während sich Hannes gleich mit Feuereifer auf die neuen Werkzeuge stürzt, sind sich Rita und Theo ziemlich einig, dass sie überflüssig sind. Yusuf, Klara und Hannes überlegen sich, wo das Taskboard einen echten Mehrwert liefern könnte. Ihnen fällt die lästige Aufgabe der Planung und Dokumentation der wöchentlichen Team-Jour-Fixes ein.

Das übernimmt meistens Theo, der dafür aufwendige Excel-Vorlagen nutzt und Wünsche an die Agenda vorweg per E-Mail einsammelt. Auch die Protokolle erstellt er in Excel und verteilt sie per E-Mail, meistens erst einen Tag vor dem nächsten Team-Jour-Fixe. Er wird nicht müde, zu erwähnen, wie aufwendig diese Aufgabe ist und er nicht den Eindruck hat, dass seine Arbeit von irgendjemandem im Team geschätzt wird.

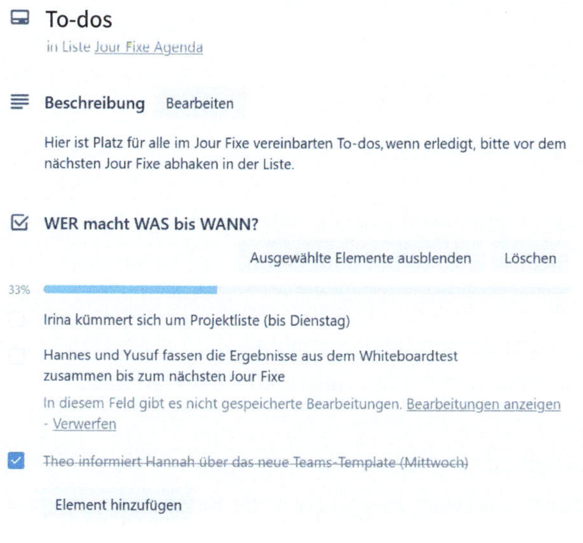

Beispiel einer To-do-Liste auf Taskboard

Klara trifft sich mit Theo zu einem virtuellen Kaffeetrinken und zeigt ihm nebenbei per Screenshare, wie wenig Zeit es sie kostet, die Agenda und Doku für die Projektmeetings auf dem Taskboard zu erstellen. Sie vereinbaren, dass sich Theo testweise darauf einlässt, es für das nächste Team-Jour-fixe auch auszuprobieren. Klara legt ihm dafür ein Template auf dem Taskboard an.

Theo verschickt eine E-Mail und kündigt an, dass es ansonsten keine weiteren E-Mails für das nächste Jour fixe gibt, sondern dass alle selbst direkt ihre Tagesordnungspunkte auf dem Taskboard eintragen möchten. Zu seinem Erstaunen füllt sich das Taskboard noch am selben Tag. Noch viel überzeugender findet er dann, was im Meeting selbst passiert. Klara zeigt ihm die Checklistenfunktion, mit der Theo noch im Meeting die To-dos und die wichtigsten Ergebnisse festhält. Als Theo die dadurch eingesparte Zeit im Kopf überschlägt, kann er nicht anders als sich zu freuen und Rita zu einem virtuellen Kaffeetrinken einzuladen, um ihr nebenbei die großartigen neuen Funktionen des Taskboards zu zeigen.

Aus Gesines Praxis

»Laptops und Smartphones möchte ich bitte nur in der Pause sehen!«. Dieser Satz gehörte früher in mein Standardrepertoire zu Beginn von mir moderierten Meetings und Workshops. Mit der Coronapandemie verschwanden bekannterweise persönliche Workshops für einige Zeit von der Bildfläche. Im Juli 2020 befand ich mich das erste Mal wieder mit zwanzig echten Menschen in einem Workshopraum. Zwar mit Abstand und Maske, aber eben live und in Farbe. Ich genoss diese unmittelbare Atmosphäre und die räumliche Nähe zu den Teilnehmenden sehr. Gleichzeitig stellte ich fest, dass diese früher für mich so wichtige strikte Trennung – im persönlichen Workshop nur analoge Werkzeuge – davor und danach fast ausschließlich digitale Arbeitsmittel – für mich keinen Sinn mehr hatte. Inzwischen entscheide ich mich bewusst dafür, analoge Werkzeuge zu nutzen, wenn sie einen echten Mehrwert für die Zusammenarbeit liefern. Sind alle gemeinsam in einem Raum, kann ich mir weiterhin keine bessere Arbeitsfläche vorstellen als eine Metaplanwand, vor der die Teilnehmenden Seite an Seite stehen, angeregt diskutieren und ihre Ideen schnell und einfach auf Post-its an die Wand bringen. Geht es um schnelle Meinungsbilder, so lasse ich nicht mehr wie früher auf Moderationskarten schreiben, sondern nutze Umfragewerkzeuge wie Mentimeter, die leicht per Smartphone bedient werden können.

4.6 Zentralisieren: Gemeinsam auf alles zugreifen

E-Mail galt lange Zeit als DAS asynchrone Kommunikationsmedium. Seit einiger Zeit gibt es immer mehr Stimmen und Studien, die davon ausgehen, dass eine andere Form der digitalen Kommunikation die E-Mail in den nächsten drei Jahren vollständig ersetzen wird.[56]

E-Mail ist im Grunde wie im Restaurant die Bedienung direkt am Tisch. Es braucht viele Ressourcen, um jedes Gericht und Getränk an den einzelnen Tischen zu verteilen. Übertragen auf die hybride Zusammenarbeit: Die dezentrale Ablage von Information führt zu vielen Problemen. Neben der Tatsache, dass sich jede:r die Dokumente selbst ablegt und viel mehr Speicherplatz benötigt wird, führt es schnell dazu, dass Menschen über unterschiedliche Versionen sprechen. In dem Moment, wo ein:e Kolleg:in das Dokument ablegt, ist es wahrscheinlich schon veraltet. Zudem kostet es viel Zeit, Inhalte und Ideen aus verschiedenen Dokumenten zusammenzuführen. Und es führt zu viel Frustration. Hat jede Art von Information ihren eigenen Platz, reduziert ihr das Frustpotenzial und steigert die Effizienz.[57]

Zurück zum Restaurant: Ganz anders sieht es aus mit einem zentralen Buffet. Dort werden alle Getränke und Speisen gesammelt vorgehalten. Jede:r kann sich je nach Geschmack zentral bedienen.

In der hybriden Zusammenarbeit macht es die Kommunikation viel effektiver, wenn die Kommunikation über eine zentrale Plattform stattfindet.

Bedürfnisse an Ablagen und Strukturen ändern sich. Deshalb empfehlen wir, regelmäßig als Team darauf zu schauen: »Passt unsere zentrale Struktur noch? Wo haben wir Anpassungsbedarf?« Regelmäßig Zeit einzuplanen, die Werkzeuge und Strukturen zu überprüfen, hat sich in vielen Teams bewährt.

Die Zeit in die Pflege der Strukturen ist gut investiert, weil ihr dadurch andererseits schneller in der Zusammenarbeit werdet durch weniger Reibungsverluste und schnelleres Finden wertvoller Informationen.

Zum Beispiel Team Prototyp (siehe Seite 169): Die Team-Zentrale

Karla, Hannes und Yusuf waren in den letzten fünf Monaten sehr fleißig. Sie haben ihr Team entlang der sechs Module jede Menge ausprobieren lassen, sich dabei auch das ein oder andere blaue Auge eingehandelt. Was aber deutlich wird: es geht voran, das Team steht hinter dem Thema und allmählich kristallisieren sich neue, bessere hybride Arbeitsweisen heraus. Damit sich neue Standards bilden, haben sie im letzten gemeinsamen Termin erarbeitet, welche Modulbestandteile fürs erste die hybride Team-Zentrale darstellen sollen. Simone und Mathias aus der Geschäftsführung haben auch teilgenommen und berichtet, dass anderen Teams schon auffällt, dass sich hier ganz schön was tut. Sie sehen das Projekt jetzt als Piloten für das ganze Unternehmen und können sich vorstellen, Teile der hybriden Team-Zentrale auch anderen Teams zur Nachahmung zu empfehlen.

Das ganze Team ist stolz auf das Erreichte und ist nun gespannt darauf, wie sich das zentralisierte und digitalisierte Arbeiten auch langfristig auszahlen wird.

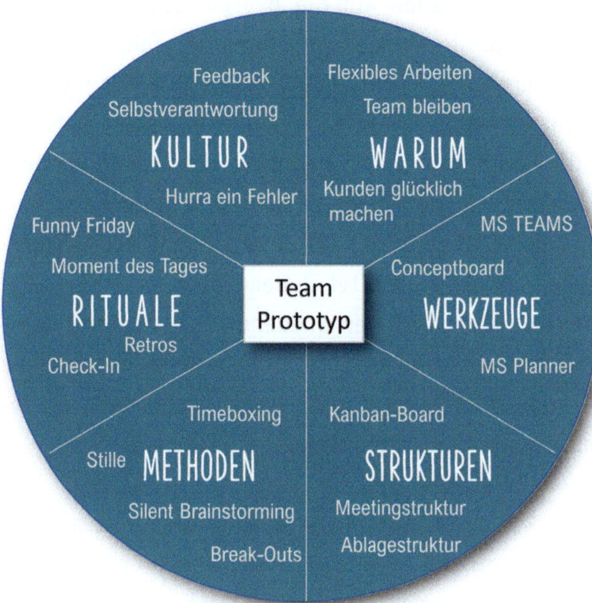

Die hybride Team-Zentrale von Team Prototyp

4.7 Reflektieren: Anhalten und besser werden

Regelmäßiges Reflektieren fördert die Zusammenarbeit und hilft, gemeinsam Entwicklungspotenziale zu identifizieren. Im Sinne der gesetzten Ziele für die Neugestaltung der hybriden Zusammenarbeit geht es darum, Energieraubendes im Miteinander zu reduzieren und Gutes stetig auszubauen. Die meiste Wirkung entfaltet es, wenn es regelmäßig in unterschiedlichem Umfang in den hybriden Teamalltag eingebaut wird, beispielsweise in Form von:

- Rückblick auf die Jahresplanung,
- monatliche Retrospektiven,
- Blitzlicht am Ende jeden Meetings.

In vielen Fällen werden die sogenannten Lessons Learned leider noch assoziiert mit »Es ist etwas schiefgelaufen, wir müssen einen Schuldigen finden«. Wenn ihr es einfach immer macht, unabhängig davon, ob es gut oder schlecht läuft, stehen die Chancen gut, dass diese Assoziation verloren geht.

Zu reflektieren wirkt erst mal langsam, da es sich wie anhalten anfühlt. Mittelfristig bringt es nicht nur Geschwindigkeit und Qualität, sondern auch Zufriedenheit.

Für eure hybride Teamarbeit könnt ihr beispielsweise eine Reflexionsrunde einbauen, bevor ihr mit der Ausgestaltung eines jeden Moduls beginnt. Einmal im Quartal könnt ihr auf eure Strukturen schauen und am Ende eines jeden Meetings konkret auf das Meeting.

Zum Beispiel Team Prototyp (siehe Seite 169): Lessons Learned tun gar nicht weh

Unser Team Prototyp hat es gegen manche Widerstände geschafft, im Projekt regelmäßig anzuhalten und zu reflektieren. Sie haben sich in jedem Meeting im Check-out ein Feedback geholt. Einmal im Monat haben sie per Online-Umfrage ein Stimmungsbild aus dem gesamten Team eingeholt. Jetzt, nach einem halben Jahr Projektlaufzeit fassen sie all ihren Mut zusammen und laden zu einem Lessons-Learned-Workshop. Da sie die bisherigen Erkenntnisse und Fortschritte nicht nur sammeln wollen, sondern sich mit dem Team vor allem dazu austauschen wollen, verteilen sie schon asynchron vorab einen Link zu einem digitalen Whiteboard mit vorbereiteten Fragen und Post-its. Das Ganze kostet weniger Zeit als gedacht, weil das Whiteboard sogar ein schickes Template dafür bereithält.

Im Workshop zeigt sich, dass die Hindernisse inzwischen gut zu handhaben sind und dass sich viele der anfänglichen Bedenken gegeben haben. Viel ist schon geschafft, es liegt aber auch noch einiges an Arbeit vor ihnen. Sie fühlen sich sehr bestärkt, da der Sinn des Ganzen von niemandem mehr hinterfragt wird, stattdessen möchten sich sogar noch mehr Kolleg:innen aktiver ins Projekt einbringen.

Die Meetings: Rahmen schaffen in hybriden Räumen

Hybride Teamarbeit zeichnet sich dadurch aus, dass zeit- und ortsunabhängig zusammengearbeitet werden kann. Egal ob vor Ort oder online, synchron oder asynchron, meistens trifft man sich in Meetings.

Wie motiviert und produktiv ein hybrides Team zusammenarbeitet, steht und fällt also mit der Qualität der Meetings.

Wie kann es als hybrides Team gelingen, weniger und dafür bessere Meetings zu haben?

Im nun folgenden Teil des Buches definieren wir für dich gute Meetings, geben dir sieben Tipps, die jedes Meeting besser machen und führen dann aus, wie du diese Tipps in den einzelnen Meetingformaten konkret einsetzen kannst.

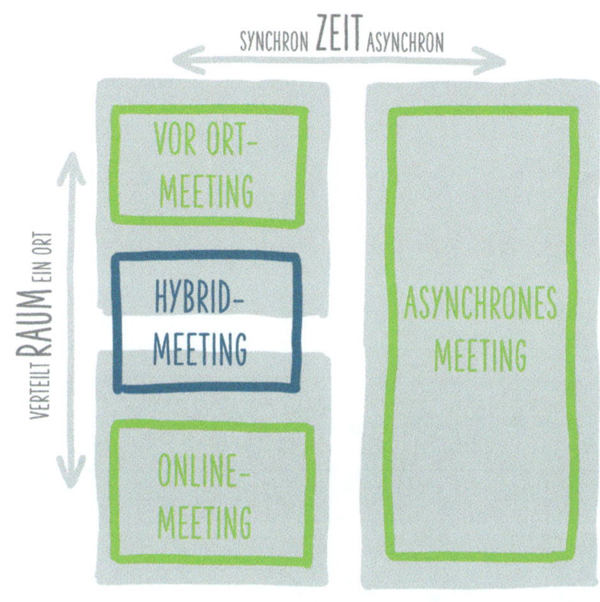

Die verschiedenen Meetingformen in den hybriden Team-Räumen

5.1 Gute Meetings: Definition und Vorbereitung

»In Besprechungen können das Beste und das Schlechteste des Charakters zum Ausdruck kommen. Im besten Fall können sie ein Raum sein, wo die Anwesenheit anderer uns hilft, auf unsere Authentizität zu hören, und wir das zum Ausdruck bringen, was uns wirklich wichtig ist.« [58]

Frederic Laloux, Autor und Vordenker der New Work Szene

Meetings vor Ort können kräftezehrend sein und Online-Meetings eine wahre Freude. Oder andersherum. Ob ein Meeting gut wird, hängt nicht vom Ort ab. Dass viele Online-Meetings gerade zu Beginn der Pandemie schlecht waren, haben viele auf das Format »Online« geschoben. In den allerwenigsten Fällen lag es am neuen Format. Viel mehr lag es daran, dass auch schon die Präsenz-Meetings nicht besonders gut waren. Die Präsenz vor Ort hat einige der Unzulänglichkeiten abgefedert. Kein klares Ziel, keine hilfreiche Moderation, keine passenden Methoden ... die Liste der Meetingsünden ist lang.

Ob ein Meeting gut wird, hängt schlicht und einfach davon, ob es jemand gestaltet. Im besten Fall sogar moderiert.

Der Wechsel in die hybride Welt der Zusammenarbeit ist der ideale Zeitpunkt, um mit dem aktiven Gestalten von Meetings zu beginnen.

Laut Wikipedia ist ein Meeting »eine Gesprächsform in Organisationen, bei der Teilnehmer aus einem bestimmten Arbeitsgebiet durch persönlichen Kontakt gegenseitig Sachverhalte, Probleme, Meinungen und Planungen vorbringen können.«[59] Demnach ist es also nur eine Gesprächsform, in der Inhalte vorgebracht werden können. In unseren Augen zu wenig. Wenn wir von einem Meeting sprechen, meinen wir Folgendes:

Definition für Meeting

Mindestens zwei Menschen kommen für einen definierten Zeitraum zusammen, um ein Ziel zu erreichen.

Wenn wir in diesem Buch von einem guten Meeting sprechen, dann meinen wir:

Eigenschaften eines guten Meetings

- Es wurde konsequent auf das Ziel hingearbeitet und die angestrebten Ergebnisse erreicht.
- Alle haben sich eingebracht und die bestmögliche Lösung ist entstanden.
- Die Beteiligten können hinterher aus voller Überzeugung sagen: »Die Zeit war gut investiert«.
- Die Beteiligten gehen motiviert raus, um das Besprochene umzusetzen. Im besten Fall hatten sie sogar Spaß.

Ziele für Meetings können unterschiedlicher Natur sein. In der Regel verfolgen Meetings im Geschäftskontext mindestens eines dieser Ziele:

- Ideen finden,
- Maßnahmen entwickeln,
- Statusupdates geben,
- Informationen teilen,
- Entscheidungen treffen,
- Feedback geben,
- Verbesserungspotenziale erarbeiten,
- Bindung im Team stärken,
- Voneinander lernen,
- Nächste Schritte festlegen,
- Erfolge feiern.

Diese Ziele lassen sich prinzipiell in allen Meetingformaten erreichen – egal, ob vor Ort, online, hybrid oder asynchron. Gleichzeitig gibt es Ziele, die sich in einem Meetingformat besser bearbeiten lassen als in einem anderen. Ausgehend von der Media-Richness-Theorie (siehe Seite 60 ff.) haben wir die Meetingformat-Interaktions-Matrix, kurz MFI-Matrix, entwickelt. Sie gibt Orientierung, wofür sich welches Meetingformat am besten eignet. Die Logik dahinter: Je komplexer die Interaktion im Meeting, desto mehr physische Nähe ergibt Sinn. Je einfacher wiederum die Interaktion, desto smarter ist es, zukünftig asynchrone Formate zu nutzen – damit bei synchronen, insbesondere physischen Treffen mehr Zeit für komplexe Interaktion bleibt. Jede Meetingform hat ihre Eigenheiten. Im hybriden Meeting arbeite ich anders zusammen, als wenn alle vor Ort sind. Gleichzeitig ist der Rumpf bei allen guten Meetings gleich.

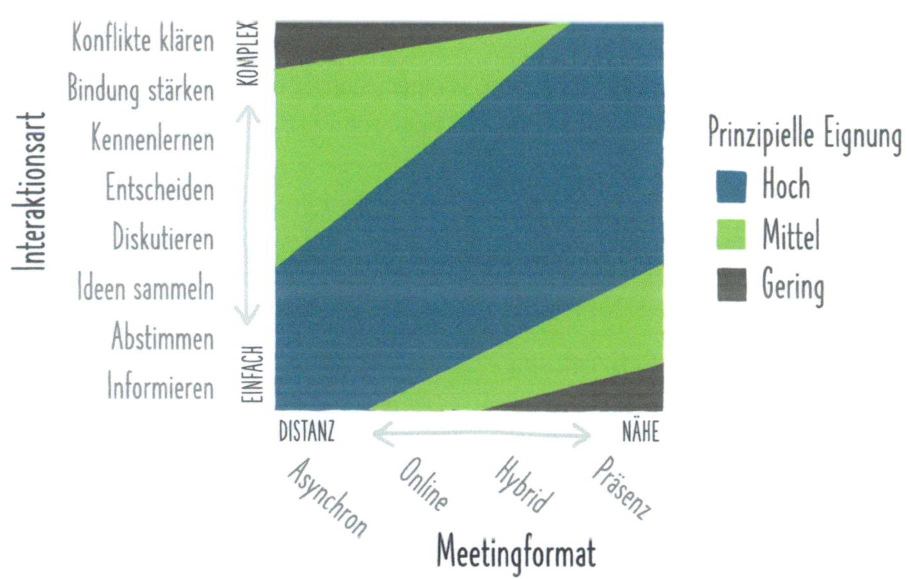

Bevor wir auf die Besonderheiten der einzelnen Meetingformen eingehen und wie sie sich gut gestalten lassen, schauen wir auf zwei grundsätzliche Themen.

- Wie du dein Meeting gut vorbereiten kannst .
- Welche sieben Tipps jedes Meetings besser werden lassen.

Im Anschluss konkretisieren wir diese sieben Tipps dann je Meetingform.

Meetings sind der ideale Ort, die hybride Team-Formel täglich mit Leben zu füllen und dadurch eure Zusammenarbeit Stück für Stück weiterzuentwickeln.

Gute Meetings brauchen eine gute Vorbereitung

Durch Vorbereitung werden Meetings besser. Dabei muss die Vorbereitung nicht zwingend lange dauern, bereits fünf Minuten machen einen Unterschied. Wichtigster Teil der Vorbereitung ist es, ein Ziel als Grundlage für ein gutes Meeting zu definieren. Das klingt banal, die wenigsten Meetings (mehr als achtzig Prozent) haben unserer Erfahrung nach ein Ziel. Oder zumindest keines, was den Namen verdient und dir in der Rolle der/des Moderierenden hilft, immer wieder darauf zu fokussieren und es schließlich zu erreichen.

Angelehnt an den »Golden Circle« von Simon Sinek[60] hilft die Beantwortung von drei Fragen dabei, neben einem sinnvollen Ziel (das Warum) auch ein gutes Meetingdesign zu definieren.

Drei Fragen zur Meetingvorbereitung

- Was soll nach diesem Meeting anders sein?
- Was soll an greifbaren Ergebnissen herauskommen?
- Wie kommen wir denn eigentlich zum Ziel?

Die meisten Meetings sind Veranstaltungen, in denen immer die gleichen zwei bis drei Menschen reden. Das wirkt nicht nur demotivierend für alle anderen, sondern führt auch dazu, dass nur die Perspektive von wenigen in die Lösung einfließt.

Designe dein Meeting stattdessen so, dass alle die Chance haben, sich einzubringen und aktiv zu partizipieren. Wenn alle an der Zielerreichung beteiligt waren, steigt die Motivation, das Besprochene auch umzusetzen. Ganz zu schweigen von der viel höheren Qualität des Ergebnisses. Partizipation im Meeting kannst du durch den Einsatz von verschiedenen Methoden erreichen – unsere Favoriten findest du im Kapitel »Modul 4: Methoden – Ansätze für mehr Augenhöhe und Kreativität im Miteinander«, Seite 69 ff.

Wenn ausschließlich gesprochen wird, ist es schwer, zu folgen. Selbst wenn jede:r konzentriert zuhört, entsteht in jedem Kopf ein anderes Bild der Lösung. Ein einfaches, aber wirkungsvolles Mittel für die Steigerung des gemeinsamen Verständnisses: visualisieren.

Ein gutes Meetingdesign ermöglicht es, das Potenzial, das Wissen und die Kreativität der Anwesenden bestmöglich zusammenzubringen.

Das beginnt schon während der Vorbereitung, wenn du dir während des Meetingdesigns überlegst, wie du Visualisierungen aktiv einsetzen kannst. Visualisierungen, die

- das Gesagte und die Meetinginhalte unterstützen,
- im Vorfeld oder erst im Meeting entstehen.

Die wichtigsten Punkte auf einer Folie, Grafiken und Schaubilder oder Darstellungen, die direkt im Meeting entstehen, sind nur einige Beispiele. Hierzu bietet sich die Nutzung eines digitalen Whiteboards an (siehe Kapitel »Das digitale Whiteboard: Kreativ zusammenarbeiten«, Seite 46 ff.). So habt ihr die Möglichkeit, gemeinsam etwas entstehen zu lassen. Die direkte Visualisierung hat den großen Vorteil, dass ihr sofort merkt, wenn jemand etwas anders verstanden hat und es direkt klären könnt.

Teil der Vorbereitung kann es ebenfalls sein, den Teilnehmenden eine (grobe) Agenda und die Fragen, die ihr im Meeting bearbeiten wollt, im Vorfeld zuzusenden. Für die Erstellung der Agenda kannst du dich am »Taschenmesser für Meetings« (Ankommen – Ziel fokussieren – Herzstück – Abschließen), das wir im Kapitel »Meetingstruktur: Produktive Meetings unabhängig von Ort und Zeit« vorgestellt haben, orientieren. Kannst du etwas mehr Zeit investieren, gibt die 5-Finger-Meeting-Vorbereitung einen einfachen, aber wirkungsvollen Rahmen für deine Vorbereitung.

Auch das Ende solltest du planen und dein Meeting in jedem Falle richtig abschließen. »Oh, wir laufen aus der Zeit« und »Ich muss weiter ins nächste Meeting« sind gute Indikatoren, dass es nicht funktioniert hat. Idealerweise planst du in jedem Meeting mindestens fünf Minuten für einen guten Abschluss ein – in denen ihr das Meeting gemeinsam reflektiert und so dafür sorgt, dass die Ergebnisse verankert und Verbesserungspotenziale identifiziert werden. Mit einer guten Vorbereitung klappt es im Meeting auch mit dem Fokussieren, Partizipieren, Visualisieren und Reflektieren.

Downloadtipp

Im Downloadbereich dieses Buches findest du Checklisten zur gezielten Vorbereitung der unterschiedlichen Meetingformate.

Auf den folgenden Seiten erfährst du, mit welchen sieben Tipps deine Meetings besser werden und welche Besonderheiten es bei den unterschiedlichen Meetingformen (vor Ort, online, hybrid und asynchron) zu beachten gibt .

5.2 Sieben Tipps: Worauf es in Meetings ankommt

Du kannst viel tun, damit dein Meeting gut wird. In diesem Kapitel stellen wir dir unsere Top 7 Tipps vor für einfach gute Meetings.

Jeder Tipp zahlt auf mindestens eine Praktik der hybriden Team-Formel ein und ist eine von vielen Möglichkeiten, sie mit Leben zu füllen. Es sind viele kleine Handlungen, die einen spürbaren Unterschied machen.

Wie sich die Umsetzung zwischen einem Vor-Ort-Meeting und einem Online-Meeting unterscheidet, welche Besonderheiten ein hybrides Meeting mit sich bringt und wie du ein erfolgreiches asynchrones Meeting gestaltest, darum geht es im Anschluss.

Sieben Tipps für gute Meetings

Tipp 1: Meeting gut starten
Tipp 2: Meetingprinzipien vereinbaren
Tipp 3: Timeboxen setzen
Tipp 4: Interaktion ermöglichen
Tipp 5: Ergebnisse festhalten und sichern
Tipp 6: Verbesserungsmöglichkeiten identifizieren
Tipp 7: Persönlichen Austausch fördern

Tipp 1: Meeting gut starten

Ein guter Meetingstart setzt die Zeichen auf Erfolg. Deshalb ist es wichtig, besonderes Augenmerk auf diese Phase zu legen. Neben aller Fachlichkeit sind es Menschen, die ein Meeting erfolgreich werden lassen – oder auch nicht.

In Abhängigkeit der Rahmenbedingungen, kann es sinnvoll sein, dass sich die Teilnehmenden kurz vorstellen. Ebenfalls denkbar ist es, zum Start eine kurze Runde zu machen, in der jede:r etwas sagt (siehe »Check-in«). Wenn jede:r zu Beginn bereits etwas gesagt hat, senkt dies oft die Hemmschwelle für weitere Beiträge.

Idealerweise findest du eine Möglichkeit, dass das Ziel die ganze Zeit für alle sichtbar ist.

Tipp 2: Meetingprinzipien vereinbaren

Ein gemeinsames Verständnis, wie im Meeting in bestimmten Situationen miteinander umgegangen wird, hilft. Dazu gehört zum Beispiel zu klären, wie Wortbeiträge gehandhabt und Entscheidungen getroffen werden. Auch eigentlich Selbstverständliches wie zum Beispiel »Wir starten pünktlich« kann dazugehören.

Meetingprinzipien kannst du entweder definieren und über regelmäßige Feedbackschleifen weiterentwickeln oder ihr erarbeitet sie gemeinsam, zum Beispiel mit

Dieser Tipp realisiert... / ...diese Praktik	Fokussieren	Partizipieren	Visualisieren	Digitalisieren	Zentralisieren	Reflektieren
Meeting gut starten	X	X	X			
Meetingprinzipien vereinbaren		X	X	X		X
Timeboxen setzen	X	X	X			
Interaktion ermöglichen		X	X			X
Ergebnisse festhalten und sichern	X	X	X	X	X	
Verbesserungsmöglichkeiten identifizieren	X	X	X		X	X
Persönlichen Austausch fördern		X	X			X

Verknüpfung der Meetingtipps mit der hybriden Team-Formel

einem schnellen Austausch über die Moderationsmethode 1-2-4-All zur Frage »Welches eine Meetingprinzip sollten wir unbedingt einführen?« Am Ende habt ihr einige wenige Prinzipien, mit denen ihr starten könnt.

Tipp 3: Timeboxen setzen

Timeboxen sorgen dafür, dass weniger ausschweifend diskutiert wird und sind hilfreich für das Priorisieren der wichtigsten Meetingthemen. Es handelt sich dabei um fest vorgegebene Zeiträume, die du für die Bearbeitung einer Aufgabe beziehungsweise Fragestellung zur Verfügung stellst.

Nur wenn alle die verbleibende Zeit sehen können, hat die Timebox eine fokussierende Wirkung. Das führt dazu, dass du als Moderierende:r im Zweifel weniger eingreifen musst und Teilnehmende ihre Beiträge kürzer halten.

Menschen reagieren sehr unterschiedlich auf Timeboxen. Einige lieben sie, andere werden schon bei dem Wort nervös. Es erhöht in der Regel die Akzeptanz der

Timebox, wenn du nicht nur sagst »Für das Thema haben wir zwanzig Minuten Zeit«, sondern so etwas wie »Mit Blick auf all die anderen Themen, die wir noch auf der Agenda haben, nehmen wir uns für dieses Thema zwanzig Minuten Zeit«. Der kleine, aber feine Unterschied: »wir nehmen uns« ist eine aktive Entscheidung, während »wir haben« unveränderlich klingt.

Tipp 4: Interaktion ermöglichen

Ein Meeting, in dem eine:r redet und alle anderen (hoffentlich) nur zuhören, ist mehr ein Film als ein Meeting.

Die gemeinsame Zeit ist ein kostbares Gut und viel effizienter genutzt, wenn ihr sie mit Inhalten verbringt, die synchron deutlich besser gehen als asynchron. Dialog statt Monolog. Inhalte gemeinsam entwickeln statt fertige Inhalte vortragen. Wenn ihr all das, wozu es keiner Interaktion bedarf, asynchron erarbeitet, habt ihr im synchronen Meeting mehr Zeit für das Wesentliche.

Meetingteilnehmende beschreiben regelmäßig die Meetings als die besten, in denen sie das Gefühl hatten, ihre Meinung und Perspektive einbringen zu können.

Gute Interaktion ist kein Zufall, sondern hängt vom Rahmen ab, der gegeben wird. Ist es dein Meeting, bist du dieser jemand. Im Rahmen des Meetingdesigns überlegst du, welche Methoden sinnvolle Interaktion ermöglichen können. Im Meeting selbst ist es deine Aufgabe, diesen Rahmen klar zu benennen, indem du zum Beispiel ansagst, welcher Agendapunkt als nächstes kommt und darauf hinweist, wenn die Zeit knapp wird.

Die Methoden, die in unseren Augen auf einfache, aber wirkungsvolle Weise Interaktion ermöglichen, sind:

- Aufrufen,
- Popcorn,
- Breakouts,
- Post-it-Visualisierung,
- Chatwasserfall,
- 1-2-4-All,

- Silent Brainstorming,
- Silent Clustering.

Du findest sie detailliert beschrieben in Kapitel »Moderationsmethoden« ab Seite 87. Und wie bei allen Dingen im Leben gilt auch hier – durch das Machen entwickelt sich Routine und ein Gefühl, welche Methode in der Situation am passendsten ist.

Tipp 5: Ergebnisse festhalten und sichern

Die besten Meetings bringen nichts, wenn sich hinterher keine:r an die Ergebnisse erinnert. Indem du von jedem Teilnehmenden zwei Satzanfänge vervollständigen lässt, lassen sich die wichtigsten Meetingergebnisse sichern.

Zwei hilfreiche Satzanfänge zur Ergebnissicherung

- Meine wichtigste Erkenntnis heute war …
- Bis zum nächsten Meeting werde ich …

Damit eure Erkenntnisse auch nach einem Meeting zur Verfügung stehen, solltet ihr alle wichtigen Ergebnisse digitalisieren und zentral ablegen. Dies gilt insbesondere bei Vor-Ort-Meetings, aber auch für die bei hybriden oder Online-Meetings entstehenden handschriftlichen Notizen.

To-dos, die sich aus dem Meeting ergeben haben, kannst du direkt im Anschluss in eurem Taskboard erfassen, sodass nichts verloren geht. Der noch effektivere Weg ist, sie bereits direkt im Meeting für alle sichtbar zu erfassen.

Tipp 6: Verbesserungsmöglichkeiten identifizieren

Was euch passend erscheint, um gute Meetings zu haben, kann sich immer mal wieder ändern. Sei es durch äußere Einflüsse, eine andere Projektphase oder neue Projektmitglieder mit anderen Bedürfnissen. Je passender der Rahmen in den Meetings für alle im Team ist, desto produktiver die Zusammenarbeit. Genau wie es sich lohnt, die hybride Zusammenarbeit regelmäßig zu reflektieren und zu verbessern, können auch einzelne Meetings Schritt für Schritt verbessert werden.

In den Kapiteln »Feedbackkultur: Kontinuierlich besser werden« (Seite 147 ff.) und »Feedbackmethoden: Kontinuierlich dazulernen« (Seite 116 ff.) sind wir bereits darauf eingegangen, wie das Reflektieren gelingt.

Ein schneller Weg, um das Meeting am Ende kurz reflektieren zu lassen, besteht darin, zwei Sätze vervollständigen zu lassen.

Zwei Satzanfänge zur kontinuierlichen Verbesserung der Meetings

- Mir hat heute gut gefallen ...
- Für das nächste Mal wünsche ich mir ...

Die Satzvervollständigungen zum ersten Halbsatz geben dir ein Gefühl, was die Teilnehmenden schätzen und was ihr in jedem Fall beibehalten solltet. Die Vervollständigungen zum zweiten Halbsatz geben dir Ideen, was du beim nächsten Mal anders machen kannst.

Diese Abfragen kosten nicht viel Zeit und sind eine leichtgewichtige, niedrigschwellige Möglichkeit, Feedback zu erhalten. Egal, ob kleine Abfrage oder umfassende Feedbacksession: Die regelmäßigen Reflexionen am Ende eines jeden Meetings führen dazu, dass Feedback immer mehr Bestandteil eures Alltags wird (siehe Kapitel »Feedbackkultur«).

Tipp 7: Persönlichen Austausch fördern

Gerade für hybride Teams ist es wichtig, in die persönliche Bindung zu investieren (siehe Kapitel »Modul 5: Rituale – Kleine Hebel für Wirgefühl auch auf Distanz«). Um das Wirgefühl zu stärken, kannst du in jedes Meeting einen kleinen persönlichen Teil integrieren. Dieser Teil muss nicht lang oder ausgefallen sein. Meistens reicht es, eine gute Frage in den Raum zu stellen und jeden kurz antworten zu lassen. Gute Fragen sind in diesem Kontext solche, die eine persönliche Sichtweise oder Erfahrung erkunden. Das kann zu völlig fachfremden Themen sein oder bezogen auf ein Projekt oder das konkrete Meeting.

Drei Beispiele für persönliche Fragen mit Fachbezug:

- Was habe ich letzte Woche gelernt?
- Was hat mich letzte Woche überrascht?
- Auf was freue ich mich diese Woche?

Drei Beispiele für persönliche Fragen ohne Fachbezug

- Was war der höchste Ort, an den du gereist bist?
- Welche Fähigkeit hättest du gerne?
- Wenn das Meeting jetzt ausfallen würde, was würdest du stattdessen machen?

Nach einem Moment der Stille stellt reihum jede:r kurz ihre/seine Antwort vor. Hier kannst du beispielsweise die Methoden Aufrufen oder Popcorn einsetzen. Geht es darum, die persönlichen Bindungen untereinander zu intensivieren, bieten sich kurze Zweier-Breakouts an.

5.3 Vor-Ort-Meeting: Wo wir Köpfe zusammenstecken

In diesem Kapitel konkretisieren wir unsere sieben Tipps, in dem wir sie auf Vor-Ort-Meetings anwenden.

Tipp 1: Vor-Ort-Meetings gut starten

Um das Ziel des Meetings für alle zu verdeutlichen, kannst du es auf ein Flipchart schreiben, auf mehreren große Post-its an die Wand hängen, einfach einen DIN-A4-Zettel mit dem Ziel in die Mitte auf den Tisch legen oder es in deine Unterlagen integrieren, zum Beispiel in PowerPoint.

Tipp 2: Meetingprinzipien für Vor-Ort-Meetings vereinbaren

Bewährte Prinzipien für Vor-Ort-Meetings:

- Pünktlich im Raum erscheinen;
- Handys in der Tasche oder auf der Fensterbank deponieren;
- Seitengespräche vermeiden;
- wer nichts mehr beitragen kann, darf gehen.

Tipp 3: Timeboxen im Vor-Ort-Meeting setzen
Mit einem physischen Timer (links im Bild) oder einer entsprechenden Timer-App auf dem Handy oder Tablet, kannst du die Timebox gut sichtbar im Raum platzieren.

Tipp 4: Interaktion vor Ort ermöglichen
Viele Interaktionen leben von Visualisierungen. Im Raum zu visualisieren, geht am besten mit Stift und Papier. Idealerweise hast du im Vorfeld dafür gesorgt, dass dicke Stifte und Post-its, Metaplankarten oder Flipcharts verfügbar sind. Dicke Stifte unterstützen, dass alles lesbar ist und die Karten nicht zu voll werden. Prinzipiell gilt: ein Gedanke pro Karte, maximal drei Zeilen.

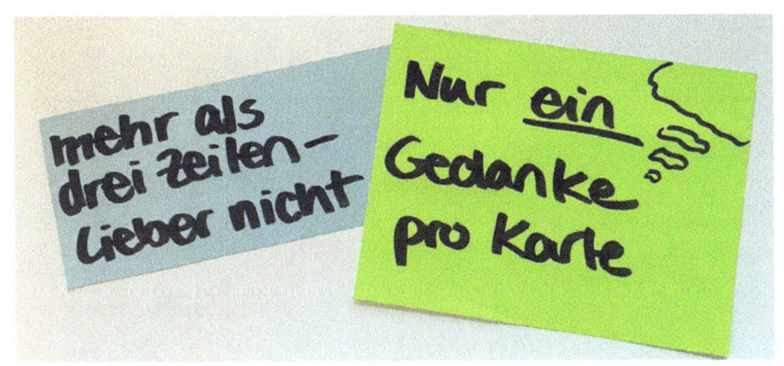

Hilfreich ist es, wenn auf den Karten leserlich geschrieben wird. Entgegen der Aussage von sehr vielen unserer Trainingsteilnehmenden »Ich kann nicht leserlich schreiben« geht es mit ein paar einfachen Tipps dann doch gut. Gemeinsam fünf Minuten in ein besseres Schriftbild zu investieren, rentiert sich schnell und macht in vielen Fällen auch noch Spaß.

Drei einfache Tipps, um leserlich auf Moderationskarten und Flipcharts zu schreiben

- Schreibt von oben nach unten,
- erzeugt Weißräume,
- verzichtet auf Schnörkel.

hybrid arbeiten

hybrid arbeiten

Schreibrichtung von oben nach unten

Weißraum

Um das Meeting abwechslungsreicher zu gestalten, kann jede:r Teilnehmende eine Karte vorstellen, diese auf dem Tisch platzieren und es geht reihum – so lange, bis jede:r eine definierte Anzahl an Karten vorgestellt hat oder es keine Karten mehr gibt.

Soll nicht visualisiert werden, hilft es, eine der vorgestellten Moderationsmethoden einzusetzen und dadurch einen Rahmen zu schaffen, der gleichberechtigte Teilhabe ermöglicht.

Tipp 5: Vor-Ort-Ergebnisse festhalten und sichern

Ihr könnt die wichtigsten Ergebnisse gemeinsam festhalten, in dem jede:r Teilnehmende seine Erkenntnisse auf eine Moderationskarte oder ein Post-it schreibt. Die Karten oder Post-its kannst du nach Abschluss eines Agendapunkts fotografieren. Achte dabei darauf, dass die Karten auf den Fotos auch leserlich sind.

Drei Tipps für eine schnelle Fotodokumentation

- Teilnehmende mit dicken Stiften schreiben lassen,
- Karten nicht überlagern,
- von oben fotografieren.

In der Praxis hat es sich bewährt, bei mehrteiligen Aufgaben, in denen mit Moderationskarten gearbeitet wird, von jedem wichtigen Zwischenschritt ein Foto zu machen. Idealerweise fotografieren sogar zwei Teilnehmende, falls die Fotos von einer Person nichts werden. Wenn ihr leserlich geschrieben habt, könnt ihr Apps (zum Beispiel die App »Post-it«[61]) zum Digitalisieren verwenden.

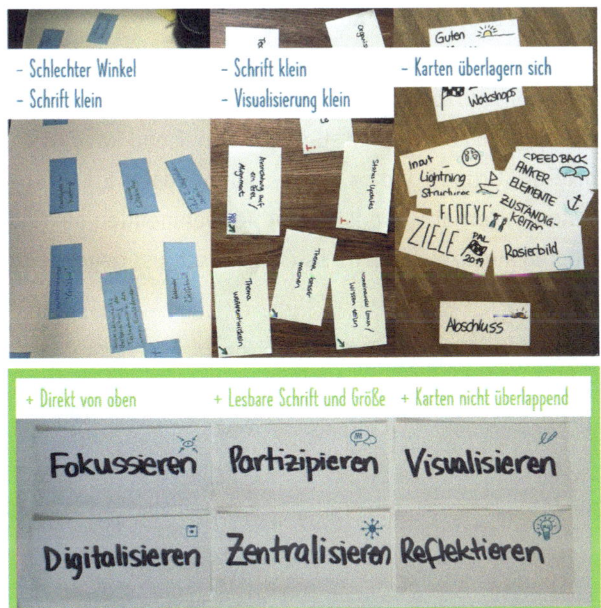

Tipps für die Fotodokumentation

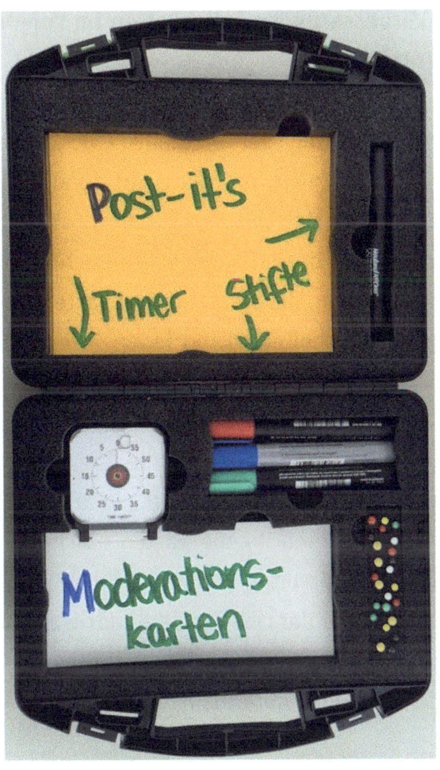

Benötigtes Material für ein Vor-Ort-Meeting

Bist du unsicher, welches Material vor Ort im Raum vorzufinden ist, bring lieber dein eigenes mit.

Tipp 6: Verbesserungsmöglichkeiten im Vor-Ort-Meeting identifizieren

Bei der Anwendung der Methode Zwei Satzanfänge kannst du diese (»Mir hat heute gut gefallen ...« und »Für das nächste Mal wünsche ich mir ...«) für alle gut sichtbar auf ein Flipchart oder Post-it schreiben. Bitte die Teilnehmenden, die Sätze auf zwei Karten zu vervollständigen. Anschließend kann jede:r ihre/seine Karte hochhalten und vorstellen.

Beim Starfish schreibt jede:r in Stille ihre/seine Karten, stellt sie reihum vor und platziert sie an der entsprechenden Stelle. Wenn ihr die Karten durchnummeriert (2 = aufhören, 4 = weiter, ...), könnt ihr sie auch später problemlos wieder der richtigen Kategorie zu sortieren. Sollte keine Metaplanwand in Sicht sein, können auch Tisch oder Fußboden gute Dienste leisten.

Tipp 7: Persönlichen Austausch fördern

Je nach Gruppengröße kannst du die Teilnehmenden einladen, aufzustehen und sich in beispielsweise Dreier-Gruppen zusammenzustellen. Anschließend kann in der großen Gruppe jede:r seine spannendste Erkenntnis teilen. Alternativ kannst du die Teilnehmenden die Antworten auch zeichnen und sich im Anschluss gegenseitig vorstellen oder erraten lassen.

Visualisierte Antworten von Workshop-Teilnehmenden

5.4 Online-Meeting: Wo wir Bildschirme teilen

In diesem Kapitel konkretisieren wir unsere sieben Tipps für den Kontext Online-Meeting. Die generelle Beschreibung der Tipps findest du in Kapitel 5.2.

Das Online-Meeting vorbereiten

Online-Meetings eignen sich nur bedingt für lange Input-Phasen. Die Aufmerksamkeit der Teilnehmenden wandert erfahrungsgemäß nach spätestens zehn Minuten ohne Aktivität ab. Es lohnt sich, das Meeting so zu designen, dass Input-Phasen möglichst kurzgehalten werden und lange Inhalte mit Vorabinformationen oder Videos stattdessen asynchron vermittelt werden.

Eine gute Einladung für ein Online-Meeting enthält:

- den Link zur Videokonferenz,
- eine grobe Agenda samt Meetingziel,
- Vorablektüre (falls erforderlich),
- Eventuell Fragen, zu denen sich die Teilnehmenden schon vorab Gedanken machen können (siehe auch Methode »Vorabfrage« auf Seite 75 ff.).

Tipp 1: Das Online-Meeting gut starten

Manchmal herrscht zu Beginn eines Online-Meetings unangenehme Stille. Du kannst als Moderierende:r dafür sorgen, dass es angenehm beginnt. Stelle dazu zum Beispiel Fragen, zeige eine neue Funktion im Videokonferenztool oder starte mit einem inoffiziellen Check-in, indem du dazu aufforderst, zu einem konkreten Thema einen Emoji in den Chat zu posten.

Deine Stimme ist ein wichtiges Werkzeug in Online-Meetings, wenn nicht sogar das wichtigste. Eine freundliche Begrüßung schafft die Grundlage für eine gute Arbeitsatmosphäre. Das Ziel des Meetings kannst du zu Beginn in den Chat schreiben oder auf ein digitales Whiteboard. Solltest du mit PowerPoint-Folien arbeiten, so kannst du das Ziel auch dort sichtbar platzieren.

Tipp 2: Meetingprinzipien vereinbaren

Bewährte Prinzipien für Online-Meetings:

- Mikrofon aus, wenn nicht gesprochen wird (zumindest bei großen Gruppen), in kleineren Runden, in denen es unstrukturierten Austausch geben soll, kann auch »Mikro an« eine gute Regel sein.
- Kamera idealerweise mindestens zum Start und Ende an.
- Klären, wie mit Fragen umgegangen wird (zum Beispiel bei großen Gruppen »Fragen bitte in den Chat«).
- Handhebe-Funktion vor Wortmeldungen nutzen.
- Nach fünfundvierzig bis sechzig Minuten Pause machen.
- Redezeiten möglichst kurzhalten.

Tipp 3: Timeboxen im Online-Meeting setzen

Zum Ende des Jahres 2022 hat leider keins der großen Videokonferenztools einen Timer integriert (wir sind guter Hoffnung, dass sich das bald ändert). Du kannst eine Webseite mit einem Timer aufrufen und ihn per Screenshare mit allen Beteiligten teilen. Unsere aktuellen Favoriten findest du unter: »https://www.bigtimer.net« und »https://timer.pizza«.

Alternativ haben die externen digitalen Whiteboards einen integrierten Timer, den ihr für alle sichtbar nutzen könnt.

Tipp 4: Interaktion online ermöglichen

Gerade in Online-Meetings ist Interaktion essenziell, da das Meeting immer mit vielen Ablenkungsmöglichkeiten (von eingehenden E-Mails bis zum klingelnden Postboten) konkurriert.

Dazu kannst du nach einem Informationsteil eine konkrete Frage in den Chat posten und alle einladen, ihre Gedanken dazu ebenfalls in den Chat zu schreiben. Je nachdem, ob sich die Ideen gegenseitig beeinflussen sollen oder nicht, kannst du es in zwei Varianten anmoderieren. »Sobald ihr eine Idee aufgeschrieben habt, bitte sofort abschicken« oder »Bitte schreibt all eure Ideen auf und schickt erst auf mein Zeichen ab« (siehe Methode »Chatwasserfall«). Den Chat kannst du ebenfalls verwenden, um schnelle Abstimmungen durchzuführen.

Im Beispiel wollten wir von den Teilnehmenden wissen, ob sie eine Pause benötigen. Der Aufwand von insgesamt eine Minute hat nicht nur dazu geführt, dass die Teilnehmenden innerhalb kürzester Zeit zweimal aktiv waren, sondern auch dazu, dass wir das Pausenbedürfnis viel besser erfüllen konnten.

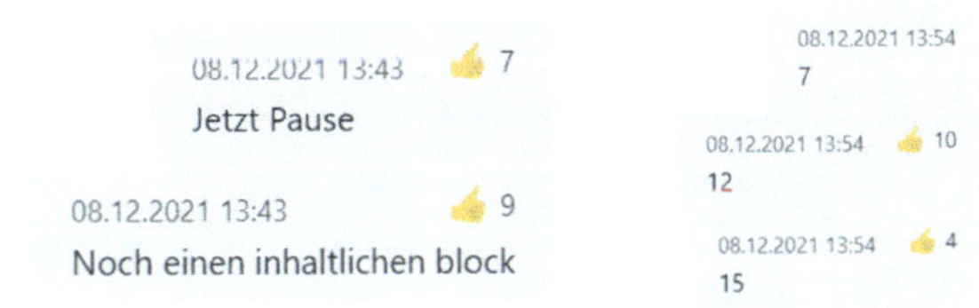

Chat-Abstimmung zu Pausenbedarf und Länge der Pause

Neben dem Chat ist das digitale Whiteboard ein mächtiges Interaktionstool. Am einfachsten funktioniert es, wenn du in der Vorbereitung ein paar Bereiche anlegst, in denen Ideen gesammelt und anschließend geclustert werden können (siehe »Silent Brainstorming« und »Silent Clustering«).

Das Beispiel zeigt das Ergebnis einer stillen Interaktion von circa fünfzehn Minuten.

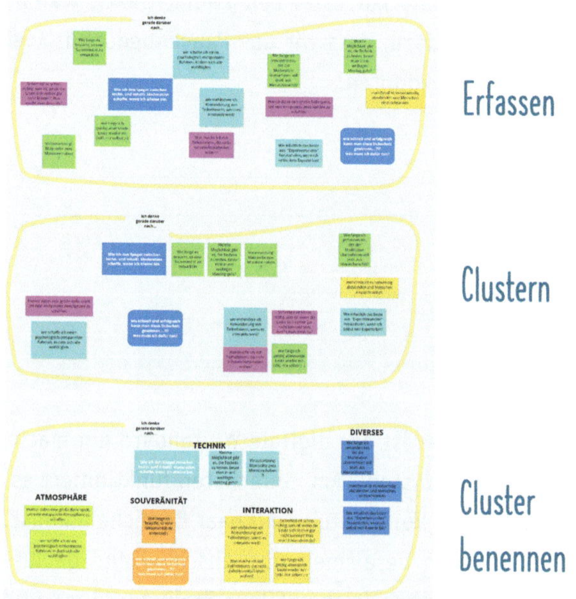

Beispiel für Silent Brainstorming und Silent Clustering

Tipp 5: Ergebnisse festhalten und sichern im Online-Meeting

Ihr könnt die wichtigsten Ergebnisse gemeinsam festhalten, indem jede:r Teilnehmende die wichtigsten Erkenntnisse des Meetings in den Chat schreibt – hier empfehlen wir, das Ganze als Chatwasserfall zu machen. Einfach zwei Sätze wie »Meine wichtigste Erkenntnis heute war …« und »Bis zum nächsten Meeting werde ich …« vervollständigen lassen und ihr habt die wichtigsten Punkte und To-dos gemeinsam erfasst.

Wenn ihr mit einem digitalen Whiteboard arbeitet, gehört der Link zum Board zur Meetingdokumentation genauso dazu wie Screenshots der wichtigsten Ergebnisse (manchmal stehen Boards aus diversen Gründen später nicht mehr zur Verfügung).

Tipp 6: Verbesserungsmöglichkeiten identifizieren

Auch hier ist die Satzvervollständigung im Chat gegen Ende des Meetings eine einfache Variante. Schreibe die beiden Satzanfänge für alle in den Chat. Damit sie sich von den Beiträgen der Teilnehmenden im Chat abheben, kannst du sie mit +++ oder ### kennzeichnen.

+++ Mir hat heute gut gefallen...

+++ Für das nächste Mal wünsche ich mir...

Beispiel einer Chatabfrage mit zwei Satzanfängen

Auf einem digitalen Whiteboard kannst du umfänglicher Feedback sammeln, indem du den Starfish verwendest (siehe »Starfish-Retrospektive« auf Seite 118 ff.). Die externen digitalen Whiteboards bringen entsprechende Templates mit. Je nach verfügbarer Zeit kannst du es bei der reinen Erfassung in Stille belassen oder jeden seine drei wichtigsten Karten vorstellen lassen. Wenn ihr die Karten einfärbt (eine Farbe je Kategorie), könnt ihr sie auch trotz Weiterverarbeitung später noch den Kategorien zuordnen.

Beispiel Starfish-Feedback auf digitalem Whiteboard

Tipp 7: Persönlichen Austausch fördern

Wenn es darum geht, die Beziehungen untereinander zu stärken, teile die Gruppe in Breakouts mit je zwei bis drei Teilnehmenden auf und gebe ihnen ein paar persönliche Fragen zur Beantwortung mit. Steht nur wenig Zeit zur Verfügung, lasse sie eine Frage per Chatwasserfall oder per Popcorn beantworten.

5.5 Hybrid-Meeting: Wo sich Welten verbinden

Hybrid-Meetings sind die Kombination aus Vor-Ort-Meeting und Online-Meeting, einige Teilnehmende sind in einem Raum, während andere remote teilnehmen. Damit ein Hybrid-Meeting gelingt, müssen beiden Welten vereint werden. Deswegen sind Hybrid-Meetings mit Abstand die anspruchsvollste Meetingform. Idealerweise designst du das Meeting so, dass es sowohl für die Vor-Ort-Teilnehmenden als auch die Remote-Teilnehmenden gleichberechtigt funktioniert. Alle Hinweise aus den vorherigen Kapiteln »Vor-Ort-Meeting: Wo wir Köpfe zusammenstecken« und »Online-Meeting: Wo wir Bildschirme teilen« gelten also genauso für Hybrid-Meetings. In diesem Kapitel geht es nun darum, beide Welten miteinander zu verbinden. Nur so kannst du sicherstellen, dass niemand abgehängt wird. Daher sollte am Anfang jeder Überlegung die Frage stehen: »Lohnt sich der Aufwand für die Umsetzung eines Hybrid-Meetings oder verfahren wir nach dem Prinzip ›Eine:r remote, alle remote‹«?

In der Online-Welt sind alle Teilnehmenden durch die gleichförmigen Kacheln mehr oder weniger gleichberechtigt. Bei Hybrid-Meetings ist das nicht der Fall. Es gibt Teilnehmende, die gemeinsam in einem Raum sind: wir nennen sie im Folgenden »Vor-Orties«. Andere nehmen online teil, wir nennen sie im Folgenden »Remoties«. Systemisch bedingt gibt es zwischen diesen beiden Gruppen ein großes Machtungleichgewicht. Mit guter Planung und aktiver Moderation ist es möglich, dieses Machtungleichgewicht zu großen Teilen zu reduzieren.

Das Hybrid-Meeting vorbereiten

Um hybride Meetings zum Erfolg zu bringen und aufs Ziel fokussieren zu können, brauchst du vor allem eine gute Vorbereitung: Welche Technik wird benötigt? Welche Räume stehen zur Verfügung? Kennst du die Technik oder brauchst du einen Technik-Termin vorab? Wie viel Zeit brauchst du vorweg, um die Technik zum Laufen zu bringen?

Wenn es der Raum und die Ausstattung zulassen, hast du idealerweise zwei Bildschirme. Auf einem Bildschirm können die Remoties angezeigt werden, auf dem anderen die Inhalte. Hast du nur einen Bildschirm, musst du immer wieder entscheiden, was mehr Raum einnehmen darf.

Neben der Raumausstattung ist auch die Ausstattung der Teilnehmenden ein wichtiger Punkt. Welche Technik sollen die Teilnehmenden mitbringen? Notebook? Headset? Handy? Gar nichts? Auf diese Fragen solltest du nach der Vorbereitung und vor dem Meetingstart eine Antwort finden und sie den Teilnehmenden in der Einladung mitteilen.

Hybrid-Meetings mit zwei Bildschirmen

Gerade in Hybrid-Meetings kann die Technik viel Raum einnehmen. Es lohnt sich, diese Zeit im Meetingdesign zu berücksichtigen.

Hybrid-Meetings spielen sich in zwei Räumen ab, dem virtuellen und dem physischen. Da du nur in einem dieser Räume sein kannst, empfehlen wir dir: Moderiere niemals allein. Such' dir eine zweite Moderation (»Co-Host«), die aus der anderen Welt teilnimmt.

In Hybrid-Meetings fehlt der gemeinsame Raum aller Teilnehmenden. Im Online-Meeting sind alle im gleichen virtuellen Raum, bei einem Vor-Ort-Meeting alle im gleichen Besprechungsraum. Du kannst in der Vorbereitung dafür sorgen, dass es dennoch eine gemeinsame Basis gibt, die für alle gleich ist. Das kann zum Beispiel durch den Einsatz eines digitalen Whiteboards oder durch andere, kleine Tools, wie zum Beispiel Mentimeter oder Slido, erfolgen. Das Entscheidende ist, dass alle es gleichberechtigt sehen und nutzen können.

Entscheide im Vorweg, welche Technik die Vor-Orties nutzen sollen. Dabei ist es hilfreich, die Implikationen zu kennen.

Nutzt jede:r sein eigenes Notebook, kann jede:r seine Kamera anmachen und auch die Vor-Orties werden gut gesehen. Gleichzeitig geht in dem Moment, wo alle ihre Notebooks aufklappen, der Fokus erfahrungsgemäß ausschließlich auf die Notebooks und weg vom gemeinsamen Geschehen im physischen Raum. Der Vorteil, in einem Raum zu sein, erlischt fast vollständig. Wir haben gute Erfahrungen damit gemacht, die Notebooks bewusst nur in den Phasen einzusetzen, in denen sie einen Mehrwert für die Interaktion liefern. Zum Beispiel für die Mitarbeit am digitalen Whiteboard in Breakouts.

Eigene Notebooks bringen auch den Nachteil mit, dass die technische Zuordnung der Breakout-Teilnehmenden deutlich aufwendiger wird, da du die Vor-Orties manuell aus der Raumzuteilung entfernen musst.

Hybrid-Meeting mit wenig Raum-Technik

Tipp 1: Das Hybrid-Meeting gut starten

Hybrid-Meetings haben fast automatisch einen informellen Start für die Vor-Orties. Damit auch alle anderen gut ankommen, empfiehlt sich ein gemeinsamer Check-in. Dabei könnt ihr bewusst mit dem Ort spielen und Remoties und Vor-Orties abwechselnd antworten lassen. Da technische Herausforderungen bei Hybrid-Meetings unvermeidbar sind, empfiehlt es sich, direkt zu Beginn die Teilnehmenden einzuladen, sich bei Irritationen zu melden. Auch ist es sinnvoll, den Co-Moderierenden vorzustellen.

In vielen Situationen in Hybrid-Meetings hilft es, Bewährtes aus Vor-Ort- und Online-Meetings zu kombinieren. Um euer Meeting immer wieder zu fokussieren, unterstützt es zum Beispiel, das Ziel gut sichtbar für die gesamte Dauer des Meetings präsent zu haben. Dazu kannst du das Ziel zu Beginn in den Chat und/oder auf ein digitales Whiteboard schreiben und es gleichzeitig im Raum auf einem Flipchart visualisieren.

Tipp 2: Meetingprinzipien vereinbaren fürs Hybrid-Meeting

Hybrid-Meetings funktionieren nicht ohne gute Meetingprinzipien. Oder anders formuliert: Wenn ihr keine passenden Prinzipien habt, steigt die Chance, dass die Remoties abgehängt werden, enorm. Plane in deinen Ablauf eine gewisse Zeit ein, sie entweder vorzustellen oder gemeinsam zu erarbeiten.

Bewährte Prinzipien für Hybrid-Meetings

Kamera möglichst die ganze Zeit an: In Hybrid-Meetings sind Remoties weniger präsent als Vor-Orties, ohne Kamera verschwinden sie umso mehr.

Vor Wortmeldungen die Hand heben: Wer sprechen will, hebt die Hand und wird von der Moderation aufgerufen, das gilt sowohl für die Remoties (per digitaler Handhebe-Funktion) als auch für die Vor-Orties (durch tatsächliches, gut sichtbares Hand heben).

Ausreichend Pausen machen: Nach fünfundvierzig, spätestens sechzig Minuten eine Pause machen – oder zumindest den Pausen-Bedarf abfragen.

Die **Redezeiten möglichst kurzhalten.**

Geräte-Vereinbarung: Klärt, inwiefern die Vor-Orties eigene Notebooks und Videokameras nutzen sollen oder nur auf den zentralen Bildschirm schauen und von der Raumkamera aufgenommen werden, der Ton wird in jedem Fall zentral vom Raummikrofon gesteuert.

Moderationsrollen verteilen

Da die Moderationsherausforderung komplex ist, empfehlen wir euch, mit verteilten Moderationsrollen zu arbeiten. Mögliche Moderationsrollen können sein:

Moderator:in: Hat die Aufgabe, das Meeting immer wieder auf das Ziel zu fokussieren und geeignete Methoden einzusetzen, um dieses Ziel zu erreichen.

Technische Hilfe (Co-Host): Sorgt dafür, dass alle Fragen zur Technik beantwortet werden, wie zum Beispiel »Ich habe keinen Ton« oder »Ich sehe das Board nicht ...«. Kümmert sich um parallele Diskussionen im Chat, um das Posten wichtiger technischer Infos, wie zum Beispiel Links zu Whiteboards und um das Anlegen von Breakouts. Wichtige:r Feedbackgeber:in, wenn etwas nicht so läuft wie geplant.

Zusätzlich kannst du weitere Moderationsrollen verteilen.

Timekeeper: Hat die Gesamtmeetingzeit im Blick und die Timeboxen der einzelnen Agendapunkte. Erinnert daran, wie viel Zeit noch übrig ist für einen Agendapunkt. Kann auch von der Moderator:in mit übernommen werden.

Energiewächter:in: Es ist Zeit für eine Pause, aber keine:r sagt was? Es ist der Job des Energiewächters, dafür zu sorgen, dass genügend Pausen gemacht werden, gerade in längeren Workshops oder Terminen.

Dokumentierer:in: Ein Ergebnis, an das sich niemand erinnert ist nichts wert. Die/der Dokumentierer:in dokumentiert am besten direkt im Meeting die Ergebnisse, sichtbar für alle. So ist im Anschluss keine weitere Abstimmung nötig und alles Relevante ist festgehalten worden.

Die Verteilung von Moderationsrollen hat noch den schönen Nebeneffekt, dass die Verantwortung für das Meetingergebnis transparent geteilt wird und wie nebenbei Wirgefühl entsteht. Eine gute Möglichkeit, Verantwortung ins Team zu geben.

Tipp 3: Timeboxen setzen im Hybrid-Meeting
Für Hybrid-Meetings empfehlen wir, wenn möglich die Kombination aus physischen Timer vor Ort und einem, den alle Online-Teilnehmenden sehen können. Alternativ kannst du auch per Screenshare zum Beispiel den »bigtimer.net« teilen. Viele digitale Whiteboards haben einen Timer integriert, auch diesen kannst du nutzen.

Tipp 4: Interaktion ermöglichen im Hybrid-Meeting
Bei den Interaktionen hat es sich bewährt, Frage oder Aufgabe sowohl in den Chat zu posten, als auch vor Ort auf Papier zu bringen. Geht es darum, Ideen schriftlich festzuhalten (vergleiche »Silent Brainstorming«), ist es wichtig, dass auch die Vor-Orties die Chance haben, ihre Ideen niederzuschreiben. Das geht zum Beispiel, indem

- Jeder Vor-Ortie sein Notebook oder Handy nutzt, um damit an Tools wie Mentimeter oder einem digitalen Whiteboard gleichberechtigt mitzuarbeiten.
- Die Vor-Orties mit Moderationskarten arbeiten, und ihr anschließend ein Foto der Karten auf das digitale Whiteboard ladet.

Eine der besten Möglichkeiten, die räumliche Nähe der Vor-Orties zu nutzen, ist der Einsatz von Breakout-Räumen. Dazu kannst du dir eine Aufgaben-/Fragestellung überlegen, die in Kleingruppen diskutiert werden soll (vergleiche »Kopfstandfrage«). Beispielsweise »Was müssen wir tun, um das Projekt auf jeden Fall vor die Wand zu fahren?«. Dann teilst du die Remoties in digitale Breakouts. Die Vor-Orties teilst du ebenfalls in Kleingruppen und lässt die Frage diskutieren. Wenn die Diskussionszeit abgelaufen ist, kommt ihr alle wieder zusammen und stellt euch gegenseitig die Ergebnisse vor.

Vor-Orties diskutieren in einem Breakout

Tipp 5: Ergebnisse hybrid festhalten und sichern

Ihr könnt die wichtigsten Ergebnisse gemeinsam festhalten, indem jede:r Teilnehmende die wichtigsten Erkenntnisse des Meetings in Slido oder Mentimeter schreibt. Wichtig ist, dass du ein Tool verwendest, dass von jedem Teilnehmenden gleichberechtigt genutzt werden kann.

Tipp 6: Verbesserungsmöglichkeiten im Hybrid-Meeting identifizieren

Gerade in hybriden Meetings solltest du diesem Punkt mehr Zeit einräumen als in anderen Meetings, denn es gibt erfahrungsgemäß viel zu lernen und zu verbessern. Kombiniere eine der Feedbackmethoden (Seite 116 ff.) mit den unter Punkt 5 erwähnten Hinweisen zur Interaktion. So kannst du zum Beispiel die Fragen der Starfish-Retrospektive auch per Mentimeter abfragen (»Was sollten wir im nächsten hybriden Meeting mehr/weniger/genauso machen?«).

Tipp 7: Persönlichen Austausch fördern im Hybrid-Meeting

Auch bei hybriden Meetings sollte das Zwischenmenschliche nicht zu kurz kommen. Was sich hier eignet, hängt stark von eurer Teamkonstellation ab. Sind immer unterschiedliche Kolleg:innen vor Ort, können Breakouts im Meeting dazu dienen, um die räumliche Nähe der Vor-Orties bewusst zu nutzen. Dazu werden die Remoties in Breakout-Räume verteilt und die Vor-Orties in Kleingruppen im Raum. Bleibt die Aufteilung in Vor-Orties und Remoties konstant, kann es hilfreich sein, ein Duo aus Remoties und Vor-Orties in Breakout-Räume aufzuteilen. Das lässt sich als erfrischende Alternative zur Videokonferenz auch mal mit einem Spaziergang samt Handy und Headset verbinden.

5.6 Asynchrones Meeting: Wo Zeit und Ort in den Hintergrund treten

Die meisten Menschen wünschen sich weniger Meetings, weniger blockierte Zeiten im Kalender. Asynchrone Zusammenarbeit und asynchrone Meetings sind ein wichtiger Schlüssel auf dem Weg dorthin. In der asynchronen Zusammenarbeit liegt in vielen Teams noch ungenutztes Potenzial. Ungenutzt, weil den wenigsten bewusst ist, was mit einem guten Rahmen alles zeitversetzt möglich ist. Das führt dazu, dass ihr in synchronen Meetings mehr Zeit für die wirklich wichtigen Themen habt.

Asynchrone Zusammenarbeit ist der Schlüssel zu mehr Flexibilität, durchdachteren Lösungen und weniger Meetings.

Großes und Kleines asynchron erledigen

Jede:r von uns arbeitet regelmäßig asynchron – wir schreiben E-Mails, lesen Unterlagen und machen uns Gedanken dazu. Das hat oft den Charakter von Beiwerk. Ist das Beiwerk getan, wird im Meeting darauf basierend gesprochen. Soll das asynchrone Arbeiten gestärkt werden, ist es Zeit, es nicht als Beiwerk, sondern als elementaren Bestandteil der Arbeit zu definieren. Abfragen, Ideen, Abstimmungen, Feedback ... all das kann in einem nicht unerheblichen Maß asynchron stattfinden. Statt im Meeting von jedem zu hören, was in der letzten Woche passiert ist, können diese Informationen im Taskboard in der Aufgabenstruktur dokumentiert werden. Gleichzeitig gibt es manchmal Inhalte, die sich nicht gut beschreiben lassen. Hier kann eine Audiospur hilfreich sein.

Aus Sonjas Praxis

Meine Präsentationsfolien waren schon immer minimalistisch und dienten vor allem als visuelle Unterstützung des gesprochenen Wortes. Gleichzeitig waren die Zeitfenster, die mir für das Halten von Präsentationen und anschließende Diskussionen zur Verfügung standen, meistens auch sehr knapp. Deswegen habe ich nach Lösungen gesucht, um in kurzer Zeit sowohl viel Inhalt vermitteln zu können als auch die Möglichkeit zum Austausch zu geben.

Ich fing an, mit PowerPoint-Folien und eingesprochener Tonspur zu arbeiten. Für jede Folie eine Tonspur. So konnte jede:r Meetingteilnehmende im Vorfeld selbst entscheiden, zu welcher Folie weitere Informationen hilfreich sind, und sie sich anhören. Als ich diese Art der Präsentation das erste Mal genutzt habe, war ich mir unsicher, wie viele sich im Vorfeld die Audiospuren anhören würden. Deswegen habe ich im Meeting zusätzlich einen Kurzabriss gegeben, der leider nur bei einigen gut ankam. Diejenigen, die es sich vorher angehört hatten, waren gelangweilt. Die, die es noch nicht kannten, wollten mehr hören. Seit dieser Erfahrung schreibe ich in meiner Vorabinfo zu einem Meeting sehr deutlich, dass die Präsentation die Basis ist und nicht noch einmal vorgestellt wird.

Größere Aufgaben asynchron bearbeiten

Gute Ideen entstehen nicht auf Knopfdruck zufällig dann, wenn das Meeting angesetzt ist. Sie entstehen oft beim Spazierengehen, Duschen oder Kochen. Dadurch, dass ein größeres Zeitfenster zum Nachdenken zur Verfügung steht, können auch diese Ideen in die Lösung einfließen.

Unsere Definition für asynchrones Meeting

Mindestens zwei Menschen verabreden sich, zeit- und ortsunabhängig innerhalb eines klar abgegrenzten Zeitraums auf ein definiertes Ziel hinzuarbeiten.

Ein asynchrones Meeting hat gegenüber einem synchronen Meeting den Vorteil, dass jede:r zu einem individuell passenden Zeitpunkt Zeit in die gemeinsame Bearbeitung einer Aufgabe investieren kann.

Ein asynchrones Meeting macht es möglich, ein gemeinsames Ziel zeit- und ortsunabhängig zu erreichen.

Asynchrones Arbeiten mit dem Begriff Meeting zu verknüpfen, ist für viele ungewohnt. Ob ihr es selbst asynchrones Meeting nennt, oder einfach davon sprecht, »es außerhalb eines Meetings zu klären«, ist dabei nachrangig. Wichtig ist es, gemeinsam und bewusst zu entscheiden, welche eurer Teamaufgaben ihr am besten synchron und welche ihr asynchron bearbeiten wollt. Dann könnt ihr für die jeweilige Variante einen geeigneten Rahmen gestalten.

GitLab, eine Firma, in der ausschließlich remote zusammengearbeitet wird, beschreibt asynchrone Arbeit als »durchdacht und absichtsvoll«[62] – eine Einschätzung, die wir vollumfänglich teilen, schließlich muss ich mir zwangsläufig im Vorfeld überlegen, auf welche Frage ich wie eine Antwort bekommen will.

Einen Anhaltspunkt, welche Themen sich für welche Variante eignen, gibt der folgende Überblick.

Beispielhafte Themen, die sich besser synchron als asynchron bearbeiten lassen

- Rollenklärung
- Erwartungsabsprache
- Tiefere Diskussionen
- Persönliches Feedback
- Mentoring
- Onboarding
- Konfliktklärung
- Kundentermine

Beispielhafte Themen, die sich gut asynchron bearbeiten lassen

- Verteilen von Informationen
- Ideensammlung
- Abfrage Stimmungs-/Meinungsbild
- Einfache Abstimmungen (zum Beispiel zu Terminen)
- Strukturelles Feedback
- Research

Diese genannten Themen sind generischer Natur. Hinzu kommen vielfältige, kontextspezifische Tätigkeiten, wie zum Beispiel das asynchrone Schreiben von Quellcode in der Softwareentwicklung oder synchrone Baustellenbegehung im Baugewerbe.

Ein asynchrones Meeting vorbereiten

Ein klassisches Meeting, egal ob vor Ort, online oder hybrid, sollte immer mit einem bestimmten Ziel angesetzt werden. Genauso ist es bei asynchronen Meetings auch. Es gibt ein Ziel, das ihr erreichen wollt. Bei der Gestaltung des Rahmens gelten die gleichen Erfolgsfaktoren wie in allen anderen Meetings auch. Gute Fragen, ein klarer Zeitrahmen, ein eindeutiger Arbeitsort und -auftrag sind eine wichtige Basis.

Ohne klare Definition der Ergebnisse geht es nicht

Jede:r, die/der zum Erfolg des asynchronen Meetings etwas beitragen soll, muss verstehen, wie das Ziel lautet und welches konkrete Ergebnis angestrebt wird.

Im Englischen gibt es die Begriffspaare »being busy« und »achieving something«. Der erste Begriff beschreibt, fortwährend zu rotieren und beschäftigt zu sein, ohne dass es zwangsläufig zu einem Ergebnis führt. Beim zweiten Begriff liegt der Fokus hingegen auf dem Ergebnis, dem Output der Tätigkeit.

In klassischen, synchronen Meetings wird der Grundmodus »being busy« oft toleriert und die damit einhergehende Unzufriedenheit ausgehalten. In asynchronen Meetings ist das anders, da Teilnehmende leichter aussteigen können, wenn sie eine Diskussion als unproduktiv erachten. Um die Chance auf ein gutes und konkretes Ergebnis im asynchronen Meeting zu erhöhen, ist eine präzise Formulierung der Frage beziehungsweise der Aufgabenstellung unerlässlich.

Beispiel: Agenda eines asynchronen Meetings

- Das Warum der neuen Kampagne klären (fünf Minuten Video) – Gibt es Fragen zum Warum? Auf Whiteboard notieren – bis Dienstag, 18:00 Uhr.
- Brainstorming – Was ist wichtig, damit die Kampagne ein Erfolg wird? Silent Brainstorming auf dem Whiteboard (Link verteilen!) – bis Mittwoch, 16:30 Uhr.
- Clustern der Ideen und Clusternamen festlegen – bis Donnerstag, 12:00 Uhr.

Möglicher technischer Rahmen für asynchrone Meetings

Jedes asynchrone Meeting braucht einen klaren technischen Rahmen. Eine gut ausgebaute hybride Team-Zentrale hilft, diesen zu geben. Dieser Rahmen kann zum Beispiel aus folgenden Werkzeugen bestehen:

- Digitales Whiteboard,
- Microsoft Teams- oder Slack-Channel,
- Abfrage-Tool wie Google Forms oder Microsoft Forms,
- eine zentral bearbeitbare PowerPoint- oder Word-Datei.

Egal für welches Medium du dich entscheidest – stell sicher, dass alle Teilnehmenden Zugriff haben und somit auch aktiv mitarbeiten können.

Tipp 1: Meeting gut starten

Eröffne dein asynchrones Meeting mit einer Nachricht an alle Eingeladenen. Je nachdem, wie weit ihr in eurer Organisation seid, kann das eine E-Mail sein oder die Kommunikation zum Beispiel über den Slack Channel erfolgen. In diese Kommunikation fügst du am besten ein, wie das Ziel lautet und – je nach Thema – welche einzelnen Schritte zu gehen sind (quasi die Agenda). Beschreibe detaillierter den Inhalt der als erstes anstehenden Aufgabe und bis wann das Bearbeitungsfenster geöffnet ist, beziehungsweise ab wann die nächste Aufgabe ansteht. Solltest du dich entscheiden, auch alle weiteren Agendapunkte aufzuführen, ist es wichtig, nur den Titel dieser Punkte zu nennen. Andernfalls wird deine Nachricht schnell zu lang und wird nicht gelesen.

Aus Gesines Praxis

In der Begleitung eines Change Teams im Rahmen einer Neustrukturierung stand noch viel Arbeit an bis zur nächsten Klausur mit dem ganzen Bereich, aber nur noch ein gemeinsames Meeting. Deswegen haben wir vorab alle offenen Aufgaben gesammelt, und sie danach priorisiert, wie wesentlich sie a) für das Gelingen der Neustrukturierung sind und b) wie viel Diskussionsbedarf besteht. Alle Aufgaben, die wir als wenig wesentlich bewerteten und keiner langen Diskussion bedurften, nahmen wir von der Kernagenda des nächsten Meetings. Stattdessen formulierten wir für diese Punkte konkrete Fragestellungen, zu denen bis zum nächsten Meeting Antworten auf dem Taskboard Padlet gesammelt werden konnten. Als Moderatorin konnte ich dann vor dem Meeting die Antworten schon clustern und zu einem Meinungsbild verdichten, worüber wir dann im Meeting innerhalb von fünfzehn Minuten abstimmen konnten. Im Ergebnis hatten wir viel mehr Zeit für den wichtigen Ideenaustausch zum Kernthema – einem konkreten Entwurf für die Neustrukturierung – und hatten ein richtig gutes Ergebnis selbst für die weniger wesentlichen Themen, weil jede:r sich in Ruhe hierzu Gedanken machen konnte und über die Antworten der anderen zu vertieften Erkenntnissen gekommen ist.

Tipp 2: Meetingprinzipien vereinbaren

Hilfreiche Prinzipien können sein:

- Wir fassen uns kurz und präzise.
- Wenn wir auf etwas antworten, machen wir kenntlich, auf welchen Beitrag wir uns beziehen.
- Rückfragen zur Aufgabenstellung stellen wir frühzeitig im Prozess.

Tipp 3: Timeboxen setzen

Ein wesentlicher Unterschied zwischen synchronen und asynchronen Meetings: Statt geplanter Diskussionsdauer gibt es in asynchronen Meetings einen festzulegenden Bearbeitungszeitraum. Aus fünfzehn Minuten im synchronen Meeting werden zum Beispiel zwei Tage asynchrone Bearbeitungszeit. Der Zeitpunkt, an dem der Agendapunkt abgeschlossen ist, sollte klar kommuniziert werden. Auch kann es hilfreich sein, kurz vor Erreichen des Zeitpunkts noch eine Erinnerung zu versenden. Ebenso ergibt es Sinn, auf den Start eines neuen Angendapunktes hinzuweisen.

Tipp 4: Interaktion ermöglichen

Methoden wie 1-2-4-All, Silent Brainstorming, Silent Clustering, Brainwriting oder die Kopfstandfrage funktionieren auch asynchron.

Tipp 5: Ergebnisse festhalten und sichern

Der große Vorteil von asynchronen Meetings ist, dass die Inhalte direkt dokumentiert sind. Einzig kann es sein, dass du sie am Ende noch einmal weiter verdichten musst. Ist das Meeting mit einem Ergebnis abgeschlossen, speicherst du die Ergebnisse wie bei jedem anderen Meeting auch.

Tipp 6: Verbesserungsmöglichkeiten identifizieren

Als letzten Agendapunkt kannst du auch beim asynchronen Meeting Feedback zum Arbeitsmodus einholen. Lasse dafür zum Beispiel Satzanfänge vervollständigen im Channel, lege eine kurze Google Forms Umfrage an oder bereite eine 4L-Retrospektive auf dem digitalen Whiteboard vor. So könnt ihr es schaffen, diesen für viele neuen Modus Schritt für Schritt zu eurem eigenen werden zu lassen.

Tipp 7: Persönlichen Austausch fördern

Neben all den vorgestellten Methoden wie Satzanfängen oder der Nutzung von Check-in-Fragen, die sich auch asynchron, zum Beispiel in einem Channel oder dem Whiteboard, abbilden lassen, könnt ihr euch Sprachnachrichten schicken, in denen ihr zum Beispiel von einem schönen Ereignis der letzten Woche berichtet oder mit den anderen etwas teilt, das ihr diese Woche gelernt habt.

Ein paar abschließende Gedanken

Vereinbart ein Zeichen, das ihr euch gebt, wenn ihr in einem synchronen Meeting feststellt, das gerade ein Inhalt besprochen wird, der sich mindestens genauso gut asynchron bearbeiten lässt. Das kann ein bestimmtes GIF im Chat, ein Geräusch oder eine Bewegung sein.

Es muss nicht immer gleich ein großes, asynchrones Meeting sein. Wie wäre es mit der Abstimmung, wo das nächste gemeinsame Mittagessen stattfinden soll?

Asynchrone Meetings sind der Inbegriff von zeit- und ortsunabhängiger Teamarbeit.

Und wenn ihr euch Schritt für Schritt eine passende hybride Team-Zentrale aufbaut, dann wird asynchrone Arbeit schnell integraler Bestandteil eures Arbeitstages werden.[63]

Bis dahin kann es sein, dass euch der ein oder andere Widerstand begegnet, es nicht so vorangeht, wie du es dir vielleicht vorstellst. Auch das gehört dazu. Im nächsten Teil schauen wir deshalb auf die allzu menschlichen Stolpersteine auf dem Weg zu guter hybrider Teamarbeit.

Der Change: Herausforderungen und Praktiken im Umgang mit dem Wandel

6.1 Widerstand: Lieber mit ihm als gegen ihn

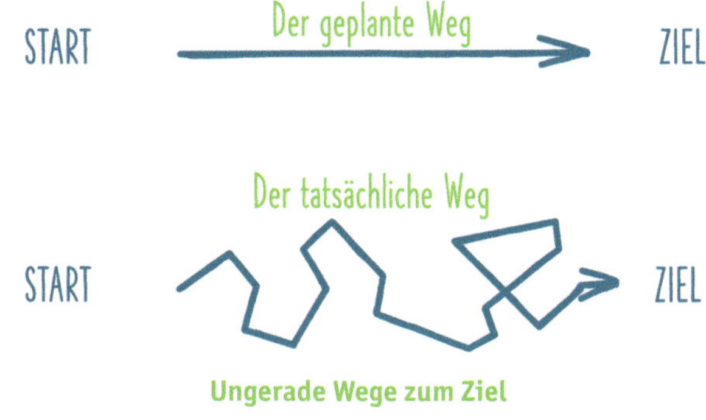

Ungerade Wege zum Ziel

Sich als Team darauf einzustellen, hybrid zusammenzuarbeiten, bringt viele Veränderungen mit sich. Um Platz für Neues zu schaffen, dürft ihr Abschied von manchem Alten nehmen. Von kleinen Ritualen, wie dem netten Austausch an der Kaffeemaschine, genauso wie von großen Selbstverständlichkeiten, wie der Platzverteilung im Großraumbüro.

Dass in hybrider Zusammenarbeit viele Chancen und Möglichkeiten liegen, bezweifelt fast niemand.

Bevor diese Chancen und Möglichkeiten jedoch deutlich zu Tage treten, gibt es viele Unsicherheiten entlang des Weges. Nichts ist eingespielt und vieles ungeklärt. Die vielen losen Enden sorgen für Verwirrung. Der eingeschlagene Weg wird immer wieder angepasst, es gibt keine gerade Strecke zum Ziel.

Als Gestalter:in dieses Entwicklungsprozesses hast du eine herausfordernde Rolle. Du wirst mit Widerstand in unterschiedlicher Form konfrontiert werden, weil du dich einem klassischen Spannungsfeld aussetzt.

Auf der einen Seite ist da das Ziel, Rahmenbedingungen zu schaffen, die das Team produktiver und motivierter arbeiten lassen und die die digitalen Möglichkeiten nutzen.

Auf der anderen Seite kostet es erst einmal genau das: Produktivität. Diese Rahmenbedingungen zu erschaffen, kostet Zeit und Energie, beides ist begrenzt.

Investieren kommt vor Profitieren – das gilt auch für Zusammenarbeit. Die Kennzahl ROI (Return on Investment) macht es sehr deutlich: erst die Investition, dann der Return. Im Kontext Zusammenarbeit sind die wenigsten diese Art von Investment gewohnt. Bewusst einen Teil der Arbeitszeit darauf zu verwenden, neue Strukturen und Fähigkeiten aufzubauen, fühlt sich am Anfang ungewohnt an.

Tragfähige und gemeinsame Lösungen entstehen dort, wo jemand bereit ist, Entscheidungen zu treffen und Verantwortung zu übernehmen. Und sich dem Risiko stellt, dass es auch schiefgehen kann. Zusammenarbeit bewusst zu gestalten, ist mit Sicherheit etwas, bei dem nicht alle sofort Juchhe schreien.

Bevor es leichter wird, wird es erst einmal schwerer.

Mit großer Wahrscheinlichkeit wirst du ein paar der folgenden Gründe hören, warum eine bewusste Gestaltung von Zusammenarbeit keine gute Idee ist.

Wir haben ...
... kein Geld dafür!
... keine Zeit dafür!
... nun wirklich andere Prioritäten!
... nun wirklich andere Probleme!

Das sind gute Gründe den Status quo nicht zu verändern. Es ist die vermeintlich einfachere und sicherere Lösung, alles beim Alten zu belassen.

Das Bedürfnis nach Sicherheit ist unterschiedlich ausgeprägt. Lösungen in komplexen Umfeldern zu finden, ist immer mit Unsicherheit verbunden. Diese Unsicherheit resultiert oftmals in Gegenwind oder Gegenstimmen.

Letztere sind im Einzelfall wahrscheinlich anstrengend, gehören aber zu jedem Teamprozess dazu.

Sie sind paradoxerweise sogar ein wichtiger Bestandteil von gelingenden Change Prozessen.

»Es gibt keine Veränderungen ohne Widerstand«

Klaus Doppler, Autor und Organisationsentwickler[64]

Einen guten Umgang mit dem Widerstand gegen das Neue zu finden, ist deshalb eine notwendige Kompetenz. Für dich, deine Mitstreiter:innen und für das gesamte hybride Team.

Wie erfolgreich eine Veränderung ist, hängt davon ab, wie Widerstand begegnet wird. Gelingt es, ihn in etwas Produktives zu verwandeln?

Vier Schritte zu einem guten Umgang mit Widerstand

Nicht der Widerstand an sich ist das Problem, sondern der Umgang damit.

Wir möchten dir vier Schritte vermitteln, die sich in unserer Change Praxis bewährt haben. Sie sollen dich in die Lage versetzen, gut mit dem ganz normalen Widerstand im Change zur hybriden Teamarbeit umzugehen.

Vier hilfreiche Schritte, um einen guten Umgang mit Widerstand zu finden:

- Widerstand und seine Ursachen verstehen,
- Widerstand und seinen Nutzen reflektieren,
- die eigene Schwelle im Umgang mit Widerstand meistern,
- den anderen über die Schwelle ihres Widerstandes verhelfen.

Schritt 1: Widerstand und seine Ursachen verstehen

Widerstand ist ohne Frage anstrengend. Manchmal kommt er laut daher, manchmal leise. Beim einen äußert er sich in Form eines Angriffs mit Worten, bei der anderen eher als Flucht in Form von Schweigen. Einen Eindruck der vielen Ausdrucksformen liefert dir diese Übersicht zu typischen Symptomen von Widerstand nach Doppler[65]:

	Verbal	Nonverbal
Aktiver Angriff	Gegen-argumente Vorwürfe Drohungen	Aufregung Unruhe Gerüchte Cliquenbildung
Passive Flucht	Schweigen Bagatellisieren Blödeln Unwichtiges Debattieren	Unaufmerk-samkeit Lustlosigkeit Fernbleiben Innere Emigration

Die meisten Menschen lehnen ab, was sie nicht einschätzen können. Unsicherheit vor Ungewohntem und Unbekanntem ist eine typisch menschliche Reaktion auf Veränderungen. Gründe dafür sind oftmals Ängste, zum Beispiel vor:

- Kompetenzverlust,
- Statusverlust,
- Kontrollverlust,
- Arbeitsplatzverlust,
- Intransparenz.

Neben diesen Ängsten können auch persönliche, sehr subjektive Wahrnehmungen die Ursache von Widerstand sein, die mit der persönlichen (Berufs-)Historie und individuellen Bedürfnissen zu tun haben.

Wie gegensätzlich diese Bedürfnisse sein können, veranschaulicht (stark vereinfacht) das Riemann-Thomann-Modell (siehe Grundausrichtungen von Bedürfnissen nach Fritz Riemann und Christoph Thomann).[66]

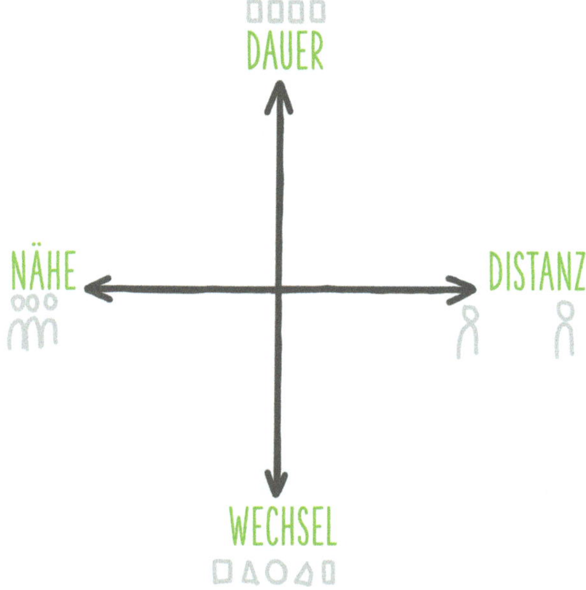

Grundausrichtungen von Bedürfnissen nach Riemann und Thomann

Angewendet auf die hybride Teamarbeit bedeutet dies, dass es den einen bei der Neugestaltung vor allem um emotionale und physische »Nähe« geht, um auch auf räumliche Distanz in engem und vertrauensvollem Kontakt mit den Kolleg:innen zu bleiben.

Andere streben nach »Distanz« und schätzen in besonderem Maße den individuellen Freiraum, der ihnen das Homeoffice bietet.

Die Nächsten setzen auf »Dauer« in Form klarer Strukturen und vertrauter Routinen, die sich möglichst selten ändern. Sie werden viel dafür geben, auch bei der Zusammenarbeit auf Distanz zuverlässige, eher dauerhafte Leitplanken zu entwickeln. Oder sie versuchen, an den alten festzuhalten.

Im Gegensatz dazu hat für Menschen mit ausgeprägtem Bedürfnis nach »Wechsel« die neue Teamsituation per se schon ihren Reiz, sofern sie sich auch weiterhin konstant ändert.

Je gefährdeter die Erfüllung der individuellen Bedürfnisse, desto größer der Widerstand, sich auf die neuen Arbeitsformen einzulassen.

Auf der anderen Seite: Je mehr die hybride Form der Zusammenarbeit die unterschiedlichen Bedürfnisse bedient, desto wahrscheinlicher wird die motivierte Mitarbeit. Was uns zu Schritt zwei führt.

Fünf Funktionen von Widerstand

Schritt 2: Widerstand und seinen Nutzen reflektieren

Alles im Leben hat zwei Seiten. Rückenschmerzen können einem das Leben zur Qual machen, gleichzeitig auch der notwendige Antreiber sein, regelmäßig das Sofa zu verlassen und die persönliche Laufstrecke zu betreten.

Widerstand ist ein Wachstumsschmerz. Er ist auf der einen Seite unangenehm, auf der anderen Seite ermöglicht er vieles. Wir haben die Erfahrung gemacht, wie hilfreich es ist, die »andere Seite« zu erkunden und dem Widerstand sein Gutes abzugewinnen. Das kann gelingen, indem du dir seine nützlichen Funktionen bewusst machst.

Fünf nützliche Funktionen von Widerstand

- Widerstand als »Schutzengel«: Er macht uns auf potenzielle Risiken aufmerksam und schützt so vor Gefahren.
- Widerstand als »Qualitätssicherer«: Er stellt sicher, dass wir selbst bei Euphorie auch auf wichtige Details achten und auf Qualität setzen.
- Widerstand als »Wegweiser«: Er verdeutlicht, dass der menschliche Veränderungsprozess bereits begonnen hat, denn ohne innere Reflektion auch keine äußere Reaktion.
- Widerstand als »Schlüssel«: Er besitzt eine sehr persönliche Komponente, komme ich über die Hintergründe von Widerstand mit einem Menschen ins Gespräch, so ist er der Schüssel für ein tieferes gegenseitiges Verständnis.
- Widerstand als »Potenzialheber«: Er sorgt für Dialog zu wesentlichen Themen in Teams und hat das Potenzial, über diese nicht immer ganz leichten Gespräche als Team enger zusammenzurücken.

Den Nutzen von Widerstand zu reflektieren, hilft, um den nächsten Schritt zu gehen.

Schritt 3: Die eigene Schwelle im Umgang mit Widerstand meistern

Aufkommenden Widerstand zu ignorieren, ist wie einen Ball unter Wasser zu drücken. Es geht für eine gewisse Zeit und kostet viel Kraft. Sobald du loslässt, springt er mit aller Kraft aus dem Wasser. Unsicherheiten, Unwohlsein und Befürchtungen verschwinden nicht, nur weil ihnen kein Raum gegeben wird. Im Gegenteil, sie wachsen und bahnen sich ihren Weg nach außen. Konspirative, im Flüsterton geführte Gespräche in der Kaffeeküche oder der Privatchat in der Videokonferenz sind nur zwei Beispiele.

Um Widerstand den nötigen Raum zu geben, hilft es, Gespräche zu führen und Fragen zu stellen. Dich im Zuhören und Verstehen zu üben. Dabei wird meist schnell deutlich: Widerstand gibt es nicht nur bei anderen, sondern auch bei dir selbst.

Wenn die Vorstellung, mit Kollege X oder Kollegin Y zu sprechen, Unbehagen auslöst, ist dies ein guter Indikator für deinen eigenen Widerstand. Für deine innere Schwelle.

Die unangenehmsten Gespräche müssen am dringendsten geführt werden.

Widerstand zu akzeptieren und zu überwinden, ihn als Bestandteil des Prozesses anzusehen, ist einer der grundlegenden Erfolgsfaktoren im Umgang mit Widerstand.

Aus Gesines Praxis

Als externe Change Managerin bekomme ich in Veränderungsprozessen oft die volle Breitseite ab in puncto Widerstand. Meine fachliche Kompetenz wird in Frage gestellt. Die Methoden, mit denen ich in Workshops arbeite, werden als nutzlos abgetan. Ich habe mit den Jahren gelernt, es als wichtigen Teil meiner Aufgabe zu sehen, diese Angriffe nicht auf meine Person zu beziehen, sondern in ihnen die menschlichen Intentionen zu suchen.

Schlage ich zum Beispiel in einem Change Workshop vor, den Sinn und Zweck des Veränderungsprozesses mithilfe von Legobausteinen gemeinsam zu erarbeiten, bekomme ich gerne zu hören: »Bei so einem Spielkram mache ich nicht mit.« Ich reagiere dann zum Beispiel mit einer Gegenfrage: »Könnte es sein, dass du schon mal schlechte Erfahrungen mit Spielkram gemacht hast?« Eine mögliche Antwort: »Ja, meiner Erfahrung nach kostet das nur viel Zeit und bringt gar nichts.« Basierend auf dieser Antwort kann ich nun konkreter erfragen, was meinem Gegenüber wichtig ist. »Das hört sich für mich so an, als ob es dir sehr wichtig ist, mit Zeit sparsam umzugehen und mit Methoden zu arbeiten, die Ergebnisse erzielen.« Bekomme ich hier Zustimmung, dann fällt es mir leichter, die Position hinter der Ablehnung zu verstehen.

Ich kann dann zum Beispiel einen Mini-Kontrakt schließen: »Mir geht es auch darum, dass wir mit möglichst wenig Zeit aussagekräftige Ergebnisse erzielen. Meiner Erfahrung nach ist es genau das, was die Legobausteine ermöglichen. Ich mache dir einen Vorschlag: Wir investieren jetzt fünf Minuten in eine erste Baurunde. Du guckst dabei kritisch auf die Effektivität, und meldest dich, wenn sie in Gefahr ist«. Im Grunde mache ich damit nichts anderes, als die Einwände ernst zu nehmen und ihren nützlichen Kern für den Prozess einzusetzen.

Nicht nur ist die Wahrscheinlichkeit sehr hoch, dass so aus Ablehnung aktive Unterstützung wird. Die so ernst genommenen Menschen wandeln sich sogar oft von Nein-Sager:innen zu echten Fans des Change Prozesses.

Wie kann es gelingen, im ersten Schritt den eigenen Widerstand zu überwinden und auf die Kolleg:innen zuzugehen? Was kannst du tun, um gut und empathisch mit Menschen ins Gespräch zu kommen, die gegen etwas sind, was dir wichtig ist?

»Willst du ein guter Kommunikator sein, dann schau' auch in dich selbst hinein!«

Friedemann Schulz von Thun,
Begründer der Kommunikationspsychologie

Du kannst zunächst empathisch mit dir selbst, deinem Zögern und deiner Unsicherheit umgehen. Um im nächsten Schritt Empathie mit deinem Gegenüber entwickeln zu können.

Dieser innere Reflexionsprozess braucht Zeit und eine gute Verfassung

Er könnte in etwa so ablaufen:

- Wische deine Schwelle, das Unbehagen nicht weg, nimm stattdessen wahr, wie du dich fühlst.
- Akzeptiere, dass die Schwelle, an der du jetzt stehst, völlig normal und menschlich ist und dass genau sie der Grund ist, warum es mit der Kommunikation eben oft nicht funktioniert.

- Mach dir bewusst, wofür du angetreten bist und wie wichtig es dir ist, dass die hybride Zusammenarbeit gelingt, dass es sich lohnt, diese schwierige Phase zu meistern.
- Lenke nach der Betrachtung deines Widerstands deinen Fokus weg von dir und hin zu den Menschen, die dir mit Ablehnung begegnen.
- Versuche, dir ihre Befürchtungen, schlechten Erfahrungen und Wünsche vorzustellen und sich in sie hineinzuversetzen.
- Nimm das, was passiert, nicht persönlich indem du dir bewusst machst, dass dein Gegenüber vielmehr für sich selbst kämpft als gegen dich.
- Fange an, dich dafür zu interessieren, wofür dein Gegenüber wohl kämpft.

Diese inneren Verarbeitungsschritte kannst du manchmal in einem Stück durchlaufen, ein anderes Mal vielleicht über einen gewissen Zeitraum hinweg.

Damit gelingt es dir, Teile der hybriden Team-Formel – Fokussieren und Reflektieren – auf dich selbst anzuwenden, um dann im nächsten Schritt die anderen Teammitglieder bei ihrem Umgang mit Widerstand unterstützen zu können.

Schritt 4: den anderen über die Schwelle ihres Widerstandes verhelfen

Nachdem du dich mit deinem eigenen Widerstand beschäftigt hast, bist du gut gerüstet, deine Kolleg:innen dabei zu unterstützen, ihren zu meistern. Auch für die anderen ist es ein innerer Verarbeitungsprozess. In uns Menschen schlagen zwei Herzen in der Brust, wenn es um die Veränderung geht. Das eine Herz ruft innerlich: »Mach es – das könnte gut für dich sein!« Das andere entgegnet »Viel zu gefährlich für dich – mach es bloß nicht!«. Um diesen inneren Zwiespalt zu verringern, braucht es viel Kommunikation, sodass Zuversicht und Mut nach und nach wachsen können. Dann können die inneren »Mach es!« – Rufe lauter und die »Mach es bloß nicht!« – Rufe leiser werden.

Angelehnt an die Veränderungsformel[67] stärken drei Aspekte die innere Zuversicht, die Akzeptanz der Veränderung:

- Eine positive Vision,
- persönlicher Leidensdruck,
- klare erste (nächste) Schritte.

Die Veränderungsformel nach Dannemiller

Die positive Vision zeigt eine Richtung auf, einen erwünschten Zustand in der Zukunft. Es muss etwas sein, das aus persönlicher Betrachtung so anziehend ist, dass es sich lohnt, dafür Zeit und Energie zu investieren.

Ein persönlich empfundener Leidensdruck hilft, den aktuellen Zustand als unkomfortabel genug zu empfinden, sodass es leichter wird, ihn zu verlassen. Wenn die positive Vision anzieht und der Leidensdruck konstruktiv von hinten schubst, dann braucht es im Grunde nur noch die Klarheit darüber, wie erste oder nächste Schritte aussehen können, um sich auf den Weg Richtung Veränderung zu machen.

Zum Beispiel Team Prototyp (siehe Seite 169): Es gibt Gegenwind

Das Team merkt, dass sich durch das verteilte Arbeiten die Zusammenarbeit stark verändert hat. Die Leichtigkeit von früher ist weg, der persönliche Kontakt fehlt. Sie wollen Zusammenarbeit im hybriden Raum bewusst gestalten, um als Team wieder zu ihrer alten Stärke zurückzufinden. Zu Beginn erheben sie, was jede:r vermisst und schauen anschließend gemeinsam, wie jedes der sechs Module der hybriden Team-Zentrale ausgestaltet werden kann. In kleinen Schritten fangen einige Kolleg:innen an, Dinge auszuprobieren und anders zu machen. Im Zwischenfeedback kommt an mehreren Stellen hoch »Wie hilft uns das jetzt, dass wir wieder mehr ins Büro kommen?«. »Warum soll ich ein Meeting mit einem Check-in starten, was hat das mit hybrider Zusammenarbeit zu tun? Das könnte ich doch auch in einem normalen Meeting machen.« Der Widerstand wächst.

Die Formel für Veränderung dient als grober Kompass. Das Wissen um die Kernelemente hat sich in vielen Situationen als hilfreich erwiesen, um in der Kommunikation und dem schrittweisen Vorgehen immer wieder abklopfen zu können, ob alle förderlichen Faktoren genügend thematisiert werden. Wie das konkret gehen kann, darum geht es im folgenden Kapitel.

6.2 Veränderungsräume: Schritt für Schritt vorwärtskommen

Ein Change Prozess, wie die Gestaltung der hybriden Zusammenarbeit, kostet Zeit und Energie. Anders als erwünscht und erhofft, geht es nicht nur geradeaus. Manchmal geht es schnell und leicht voran, dann auch wieder langsam und schwer. Damit ihr auch gut durch anstrengende Phasen kommt, hilft es, neben dem fachlichen Teil auch die menschlichen, inneren Veränderungsprozesse bewusst zu reflektieren.

Wie erfolgreich sich die hybride Teamarbeit gestalten lässt, hängt wesentlich davon ab, wie gut es gelingt, die Menschen dafür abzuholen.

Es gibt vielfältige Möglichkeiten, wie du und ihr als Team den inneren Veränderungsprozess gestalten könnt. Zwei Möglichkeiten, die sich in der Praxis bewährt haben, stellen wir euch im Folgenden vor. Neben der Anwendung der hybriden Team-Formel ist es insbesondere das aktive Reflektieren mit dem Phasenmodell »House of Change«.

Die hybride Team-Formel kannst du im Change Prozess wie folgt anwenden:

Hybride Team-Formel	Anwenden im Change Prozess
Fokussieren	Ein Ziel erarbeiten, das für alle anziehend ist und Fokus ermöglicht
Partizipieren	Möglichst viele bei der Lösungsentwicklung beteiligen, das Boot also gemeinsam bauen, und die anderen nicht nur ins Boot holen
Visualisieren	Das gemeinsame Ziel visualisieren genauso wie den Change Prozess an sich mithilfe geeigneter Modelle wie dem House of Change
Reflektieren	Regelmäßig im Prozess anhalten und reflektieren, was schon erreicht wurde und was hilft, um weiterzukommen

Ein gemeinsames Zielbild bringt Fokus

Mit dem ersten Modul der hybriden Team-Zentrale – dem Entwickeln und Vereinbaren eines gemeinsamen Ziels für die Umgestaltung – habt ihr auch in puncto Gestaltung des Change Prozesses eine wichtige Voraussetzung geschaffen. In der zuvor erwähnten Veränderungsformel ist eine positive Vision ein wichtiger Hebel zum Fördern von Akzeptanz für das Neue. Die Vision motiviert und spricht vor allem nicht nur die rationale, sondern auch die emotionale Seite an.

Bei der Entwicklung eines gemeinsamen Ziels für die Umgestaltung der hybriden Teamarbeit ist es hilfreich, nicht nur mit Wörtern, sondern bewusst auch mit Bildern und Metaphern zu arbeiten.

Nutzt als Hilfsmittel zum Beispiel:

- Bilder,
- Symbole,
- einfache Visualisierungen auf Post-its,
- Legobausteine.

In einer zwei- bis dreistündigen Kreativsession könnt ihr im Team in aufeinander aufbauenden Austauschrunden das Zielbild entstehen lassen. Als Moderationsmethode eignet sich dafür zum Beispiel 1-2-4-All. Gute, konkrete Fragen helfen, um das Zielbild zu erarbeiten.

Drei mögliche Fragen zur Visualisierung eines gemeinsamen Ziels

- Wie soll in Zukunft das Erfolgsgeheimnis unserer hybriden Teamarbeit aussehen?
- Wodurch wollen wir uns als hybrides Team zukünftig abheben?
- Was macht für uns das ideale hybride Team aus?

Sechs Eigenschaften eines motivierenden Zielbilds (in Anlehnung an Kotter)[68]

- Vorstellbar: vermittelt das Bild einer erwünschten Zukunft.
- Erstrebenswert: spricht langfristige Interessen der Beteiligten an.
- Machbar: ist realistisch und erreichbar.
- Fokussiert: ist spezifisch genug, um Entscheidungen zu erleichtern.
- Flexibel: ist generisch genug, um Gestaltungsfreiheit zu lassen.
- Kommunizierbar: lässt sich innerhalb von fünf Minuten erklären.

Nehmt euch genug Zeit, um die Gemeinsamkeiten in den Visualisierungen herauszuarbeiten und zu einem gemeinsamen Zielbild zusammenzubringen. Bei Bedarf lohnen sich auch ein bis zwei zusätzliche Termine.

Es wird wie in jedem Veränderungsprozess immer wieder passieren, dass der Sinn des Prozesses infrage gestellt wird. Gelingt es euch, ein gemeinsames Zielbild zu entwickeln, spart euch das im weiteren Prozess viel Zeit und Energie. Sorgt dafür, dass das entstandene Zielbild präsent ist und bleibt, indem ihr es zum Beispiel als wiederkehrendes Motiv auf dem digitalen Whiteboard im Teammeeting nutzt.

Beispiel einer hybriden Zielbildentwicklung

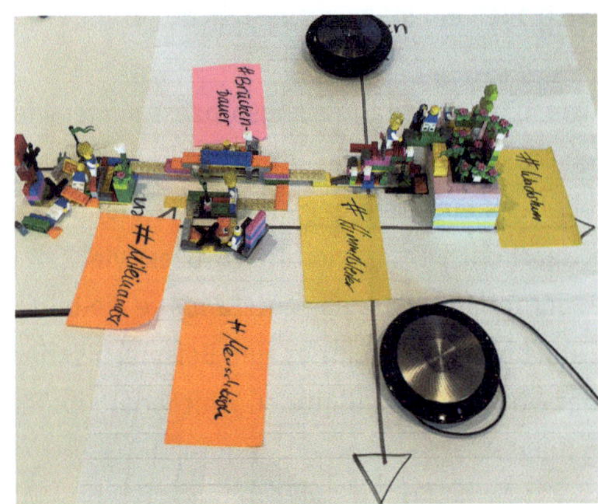

Beispiel eines mit Bausteine erarbeiteten Zielbilds

Zum Beispiel Team Prototyp (siehe Seite 169): Das gemeinsame Zielbild

Karla, als aktives Mitglied des Projektteams, hat über die letzten drei Teammeetings hinweg die Wünsche und Ideen aller im Team für »das ideale hybride Team« sammeln und clustern lassen. Die Module der hybriden Team-Zentrale sind in die Überlegungen mit eingeflossen. Aus ersten groben Skizzen aus den Meetings und Post-it-Sammlungen ist nun ein Zielbild entstanden, das die Vorstellungen des gesamten Teams abdeckt. Es soll das Team nun im Entwicklungsprozess begleiten und auch helfen, nach außen zu kommunizieren, warum es Sinn ergibt, hier Zeit und Energie zu investieren.

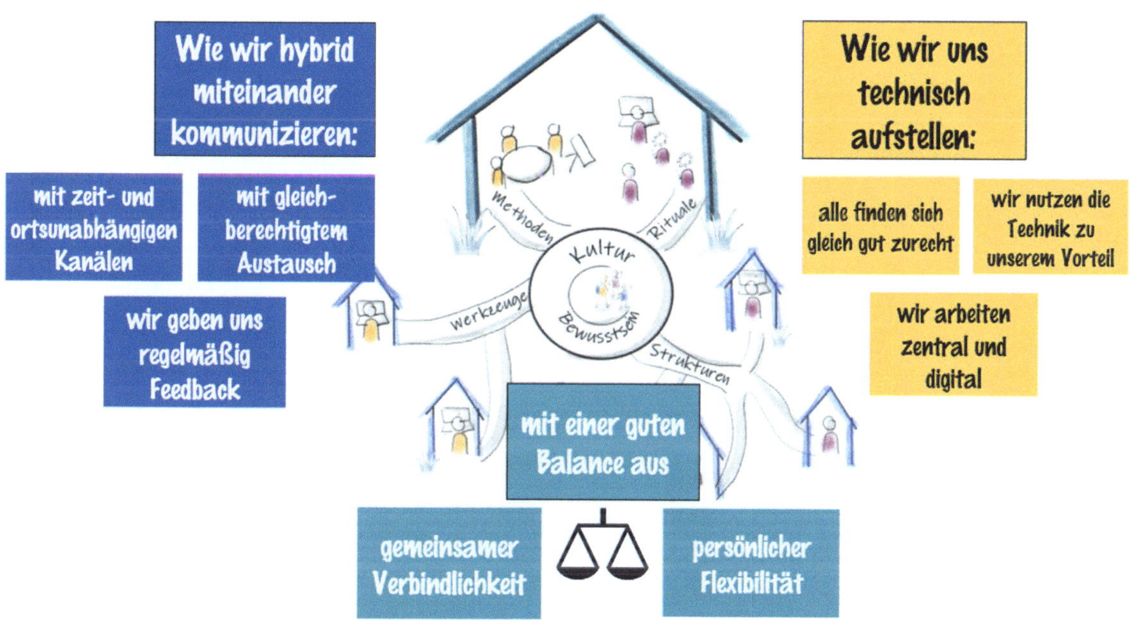
Team Prototyp rockt auch hybrid!
Wie wir hybrid miteinander kommunizieren:
mit zeit- und ortsunabhängigen Kanälen
mit gleich-berechtigtem Austausch
wir geben uns regelmäßig Feedback
Methoden
Rituale
Kultur
Bewusstsein
Werkzeuge
Strukturen
Wie wir uns technisch aufstellen:
alle finden sich gleich gut zurecht
wir nutzen die Technik zu unserem Vorteil
wir arbeiten zentral und digital
mit einer guten Balance aus
gemeinsamer Verbindlichkeit
persönlicher Flexibilität

Veränderung schrittweise visualisieren und reflektieren

Der menschliche Veränderungsprozess verläuft in Phasen. Auch wenn jede Ausprägung höchst individuell ist, lassen sich grobe Muster erkennen. Sie darzustellen hilft, den Veränderungsprozess bewusster zu gestalten. Für diese Muster gibt es Modelle, die sich nutzen lassen, um sich als Team im Change zu orientieren und am jeweiligen Standort Lösungen zu finden, die das Fortkommen erleichtern.

Eines dieser Modelle ist das House of Change (angelehnt an Claes Janssen)[69].

Das House of Change bildet Verhaltensmuster ab, die Menschen in verschiedenen Phasen von Veränderungsprozessen vielfach zeigen. Es stellt die menschliche, innere Reise anhand von vier Räumen dar: Zufriedenheit – Ablehnung – Verwirrung – Erneuerung. Es basiert auf Annahmen, die helfen sollen, um das unterschiedliche Verhalten von Menschen besser verstehen und damit umgehen zu können.

Das House of Change nach Janssen

Fünf Annahmen über das Verhalten im House of Change

- Jeder Mensch bewegt sich bei Veränderungen im Haus durch jeden der vier Räume, es gibt keine Abkürzung.
- Jede:r bewegt sich in der individuellen Geschwindigkeit.
- Jeder Raum hat eine wichtige Bedeutung.
- Vorbehalte und Bedenken sind völlig normal im Change Prozess, sie erlauben es, die angedachten Lösungen und neuen Prozesse zu hinterfragen und sie noch weiter zu verbessern.
- Auch wenn es sich im Raum der Zufriedenheit gut leben lässt, muss er verlassen werden, um Veränderungen auf den Weg zu bringen.

Raum der Zufriedenheit/Komfortzone

Typische Sätze, die hier oft fallen: »Wir haben gar kein Problem. Wir sind schon gut genug. Wir haben Wichtigeres zu tun ...«

Gehandelt wird hier oft bürokratisch, mit wenig Aufmerksamkeit für die Außenwelt und wenig Gehör für alles, was zwischen den Zeilen gesagt wird. Es wird vor allem das gemacht, was schon immer gemacht wurde. Bestehendes zu reflektieren und zu hinterfragen, ist eher unerwünscht.

Zufriedenheit ist an dieser Stelle nicht hilfreich, wenn es darum geht, sich für Neues zu öffnen. Unzufriedenheit und Leidensdruck (siehe Abbildung »Veränderungsformel« auf Seite 238) sind an dieser Stelle bessere Motivatoren für das Einlassen auf etwas Neues.

Den Change-Prozess aktiv zu begleiten, bedeutet zum Beispiel:

- Worst Case Szenarien mutig aufzeigen (»Was passiert, wenn wir nichts verändern?«).
- Gemeinsam über den Tellerrand schauen und erkennen, wie fortgeschritten andere schon arbeiten.
- Die persönlichen Unzufriedenheiten abfragen.
- Herauskitzeln der unerfüllten Wünsche.

Raum der Ablehnung

Typische Sätze, die fallen, wenn die Ablehnung steigt: »Welches Problem? Das haben wir schon immer so gemacht. Darauf haben wir keinen Einfluss. Das sind Fehler der anderen. Die anderen sind noch viel schlechter als wir. Dafür haben wir keine Zeit.«

Es werden oft Vergangenheit und Gegenwart verteidigt, die dafür vermeintlich Verantwortlichen in Schutz genommen. Wichtige Informationen werden ignoriert und die Probleme klein geredet.

Was du tun kannst:

- Den Bedenken empathisch begegnen, sie anhören und ernst nehmen;
- gleichzeitig entschieden aufzeigen, was sich ändern muss;
- Respekt für die Vergangenheit zeigen;
- Immer wieder auf das gemeinsam erarbeitete Zielbild verweisen;
- möglichst viel Raum für Partizipation schaffen und der Versuchung widerstehen, Lösungen schnell allein zu entwickeln;
- kleine erste Erfolge verdeutlichen;
- Raum und Zeit schaffen für offenen Austausch.

Raum der Verwirrung

Was hier oft zu hören ist: »Wo sollen wir nur anfangen? Es ist gerade alles so unübersichtlich. Ich finde mich nicht mehr zurecht. Früher war es besser.«

Frust und Unsicherheit machen sich sichtbar breit, manche treten den Rückzug aus dem Projekt an. Schuldige werden gesucht und das Verhalten erscheint zunehmend irrationaler.

Was du tun kannst:

- Das Zielbild weiter verdeutlichen;
- zum Benennen des Gefühlten ermutigen;
- betonen, was abgesehen von der ganzen Veränderung auch gleich bleibt;

- den Fokus auf die nächsten, leicht erreichbaren Schritte lenken;
- kleine Abschiedsrituale feiern;
- positives Feedback geben, für alles, was bis hierhin bereits erreicht wurde.

Raum der Erneuerung

Jetzt lässt sich üblicherweise Folgendes vernehmen: »Allmählich fängt das alles an, Sinn zu ergeben. Packen wir es an! Gemeinsam können wir das schaffen. Es ist gar nicht so schlimm wie erwartet.«

Es wird jetzt konstruktiver kommuniziert, einander mehr zugehört, es entstehen neue Lösungsideen und spürbar wird ein neuer Flow.

Was du tun kannst:

- Den positiven Flow herausstellen und weiter fördern;
- weiter mit Feedback und Raum für offenen Austausch arbeiten;
- die Erfolge feiern;
- die Meinung derer, die sich noch schwertun, bewusst weiter integrieren;
- das Gelernte festhalten.

Zum Beispiel Team Prototyp (siehe Seite 169): Reflektion im »House of Change«

Team Prototyp arbeitet jetzt bereits seit einem halben Jahr daran, die hybride Zusammenarbeit gemeinsam gut zu gestalten. Um zeit- und ortsunabhängig arbeiten zu können, haben sie sich inzwischen auf die Ausgestaltung ihrer hybriden Team-Zentrale geeinigt. Sie arbeiten daran, als Werkzeuge konsequent Microsoft Teams, Microsoft Planner und Conceptboard einzusetzen und auf analoge, dezentrale Werkzeuge möglichst zu verzichten.

Einiges ist geschafft, an vielen Stellen läuft es weiterhin noch nicht rund. Es werden noch zu viele E-Mails innerhalb des Teams geschrieben und das Taskboard wenig genutzt. Manche sind noch sehr unsicher, welches Werkzeug, mit welcher Struktur wofür zu benutzen ist. Der Sinn der hybriden Team-Zentrale wird regelmäßig in

Frage gestellt und die gute alte Zeit, als sich noch alle täglich im Büro trafen, zurückgewünscht. Teamleiter:in Yusuf, Karla und Hannes aus dem Projektteam »Hybrid und gut zusammenarbeiten« stellen fest, dass sie an einem kritischen Punkt im Projekt angekommen sind. Dass es jetzt wichtig ist, alle an Bord zu behalten. Sie laden zu einem zweistündigen Online-Reflexionsmeeting ein. Karla führt in das House of Change ein und betont dabei, dass insbesondere auch der Raum der Ablehnung wichtig und notwendig ist. Sie bittet jeden darum, sich möglichst ehrlich aufzustellen im Modell mit einem Post-it auf dem digitalen Whiteboard.

Sie stellen fest, dass sie schon viel erreicht haben, da ein Teil des Teams sich bereits im Raum der Erneuerung sieht und der überwiegende restliche Teil im Raum der Verwirrung. Sie geben allen die Chance sich dazu zu äußern, was den bisherigen Weg erleichtert, und was ihn beschwert hat. Und was ihnen helfen kann, sich zum jeweils nächsten Raum zu bewegen.

Die wichtigsten Erkenntnisse aus dieser Reflektion:

- Die neue Meetingstruktur mit Check-in/Check-out, gemeinsamer Agenda auf dem Taskboard und festen Zeitfenstern für gegenseitiges Feedback, werden von allen als Zugewinn gesehen.
- Theo und Ulrike fühlen sich unsicher, wie sie sinnvoll zur Implementierung der Team-Zentrale beitragen können.
- Die technische Kompetenz ist noch zu unterschiedlich. Rita verzweifelt noch regelmäßig daran, sich in den unterschiedlichen Kanälen von Teams zurecht zu finden.
- Es gibt eine hohe Motivation, das gemeinsam entwickelte Zielbild des »idealen hybriden Teams« Wirklichkeit werden zu lassen.

Anschließend nutzen sie die restliche Zeit, um Ideen zu entwickeln, wie sie sich gegenseitig dabei unterstützen können, die Technik noch besser zu beherrschen und den Teamgeist zu stärken.

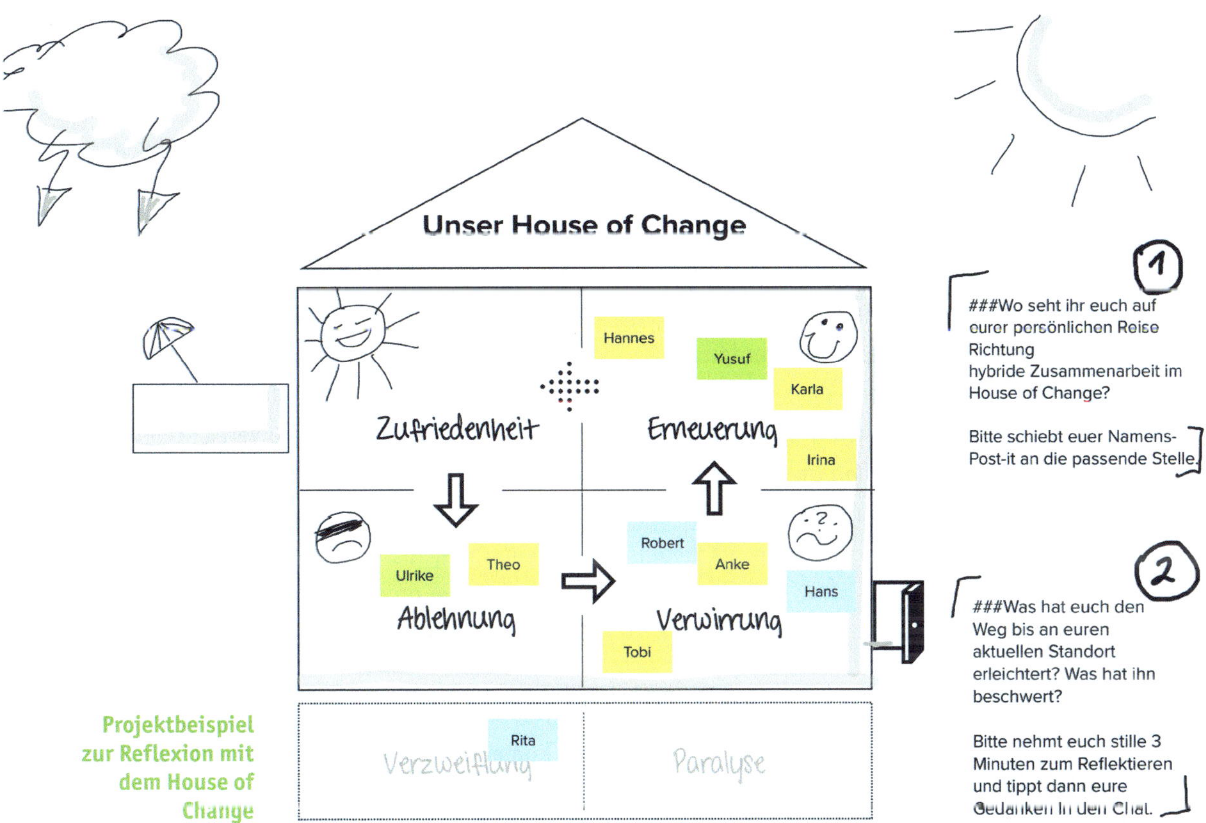

Projektbeispiel zur Reflexion mit dem House of Change

Miteinander reden ist eine gute Idee

Reflexionsmodelle wie das House of Change haben den Vorteil, dass sie eine gute Gesprächsgrundlage bieten. Sie sind ein Aufhänger, um nicht nur über Fachliches zu sprechen, sondern eben auch über das, was unter der Haut passiert. Dabei können Themen hochkommen, die du nicht lösen kannst. Oder schwierige Gefühle, die du den Betroffenen nicht nehmen kannst. An der Stelle ist hilfreich zu wissen, dass nicht alles gelöst werden muss. Es ist schon sehr viel erreicht, wenn das, was belastet, gesagt werden darf. Die Haltung, dass es da sein darf und nicht sofort wegmuss, macht den Unterschied. Miteinander in Dialog zu treten, hilft ungemein. Wie solche Dialoge gelingen können, darum geht es im nächsten Kapitel.

6.3 Beteiligung: Bewusst und gezielt kommunizieren

In herausfordernden Change Prozessen, wie dem Wandel zur hybriden Teamarbeit, besteht viel Orientierungsbedarf. Das Informationsbedürfnis ist groß, noch größer ist das Kommunikationsbedürfnis. Auf dem Weg zur hybriden Teamarbeit gibt es nicht nur viel zu gestalten, sondern auch viel zu kommunizieren. Gleichzeitig ist die Zeit knapp und damit die Versuchung groß, aufs Kommunizieren weitgehend zu verzichten und sich aufs Machen zu konzentrieren. Für das Gelingen des Change Prozesses ist das fatal. Akzeptanz und aktive Beteiligung entstehen nicht von allein. Ohne sie wird die beste technische oder organisatorische Lösung, die smarteste hybride Team-Zentrale nur schöne Theorie bleiben.

Veränderung ist immer mit Unsicherheit verbunden. Ihr mit Kommunikation zu begegnen und dabei auch die eigenen Herausforderungen zu benennen, hilft, Unsicherheit zu reduzieren und das Gemeinsame zu stärken.

Ohne Kommunikation keine Veränderung.

Für eine zielgerichtete Change-Kommunikation empfehlen wir dir, auf drei Fragen Antworten zu finden. Sie helfen, die begrenzte Zeit wirkungsvoll einzusetzen.

Drei wichtige Fragen zum Fokussieren der Change Kommunikation

- Wer hat welchen Informations- und Gesprächsbedarf?
- Wie lässt sich der Informations- und Gesprächsbedarf gut bedienen?
- Welche Fragen sind am dringendsten zu beantworten?

Gute Antworten auf diese Fragen helfen, dem Kommunikationsbedürfnis im Team nachzukommen. In den folgenden drei Kapiteln geht es darum, wie du Antworten auf diese Fragen finden kannst.

Den Informations- und Gesprächsbedarf erkunden

Wer welchen Informations- und Gesprächsbedarf hat, kannst du herausfinden, indem du dir einen Überblick über alle Menschen innerhalb und außerhalb des Teams, die sowohl Einfluss haben auf die Gestaltung der hybriden Teamarbeit als auch ein Interesse daran. In der Disziplin Change-Management wird hier auch gerne von »Stakeholdern« gesprochen.

»Stakeholder können Personen oder Institutionen sein, die Interesse an einem Unternehmen, einer Organisation oder an einem konkreten Projekt haben, beziehungsweise die davon betroffen sind. In der Literatur wird diese Gruppe auch als Dialog-, Anspruchs- oder Interessensgruppe bezeichnet.«, schreibt zutreffend Gerhild Deutinger in ihrem Buch »Kommunikation im Change: Erfolgreich kommunizieren in Veränderungsprozessen«[70]. Falls du in einer großen Organisation arbeitest, kannst du die Stakeholder zu Gruppen zusammenfassen.

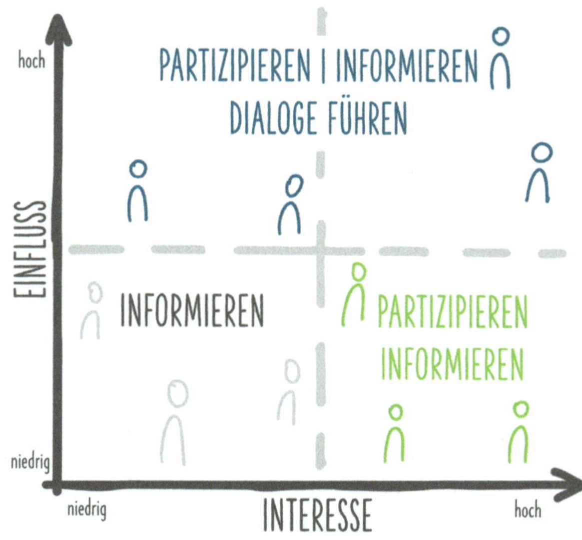

Zielgruppenanalyse zur Fokussierung der Change Kommunikation

Hilfreiche Fragen zur Identifikation von Stakeholdern bei der Gestaltung der hybriden Teamarbeit

- Wer ist alles Teil des hybriden Teams?
- Wer arbeitet eng mit dem Team zusammen, ohne Teil des Teams zu sein?
- Von wessen Unterstützung hängt das Gelingen der hybriden Teamarbeit ab?
- Wessen Ablehnung hätte negative Konsequenzen für das Gelingen der hybriden Teamarbeit?
- Wer würde davon profitieren, dass die hybride Teamarbeit scheitert?
- Wer außerhalb der Organisation könnte die hybride Teamarbeit positiv wie negativ beeinflussen?

Hier einige Beispiele für einflussreiche Stakeholder, die nicht direkt zum Team gehören:

- Geschäftsführer:innen,
- Belegschaftsvertreter:innen,
- Kund:innen,
- Berater:innen,
- Mitbewerber:innen.

Nachdem du dir einen Überblick verschafft hast, clusterst du mithilfe einer Zielgruppenanalyse (siehe Abbildung links »Zielgruppenanalyse zur Fokussierung der Change Kommunikation«). Dafür schätzt du ein, wie hoch jeweils Einfluss auf und Interesse an der erfolgreichen Gestaltung der hybriden Teamarbeit ist. Eine komplett richtige Einschätzung gibt es an dieser Stelle nicht, da weder Einfluss noch Interesse objektiv messbar sind. Grobe Einschätzungen – entweder allein oder im Team durchgeführt – leisten unserer Erfahrung nach gute Dienste.

Mithilfe der vier entstandenen Cluster lässt sich jetzt gut fokussieren, mit wem wie intensiv kommuniziert werden sollte, um eine gute Unterstützungsbasis zu bekommen.

<table>
<tr><th>Stakeholdergruppe</th><th>Fokus der Kommunikation</th></tr>
<tr><td>Menschen mit mittlerem bis hohem Einfluss und mittlerem bis hohem Interesse</td><td rowspan="2">Möglichst viel partizipieren lassen und Dialoge führen, um sie abzuholen und mitzunehmen als wichtige Multiplikatoren der entstehenden neuen Lösungen für die hybride Teamarbeit</td></tr>
<tr><td>Menschen mit mittlerem bis hohem Einfluss und wenig bis mittlerem Interesse</td></tr>
<tr><td>Menschen mit hohem bis mittlerem Interesse, Einfluss mittel bis niedrig</td><td>Das Interesse bedienen und sie bei Gelegenheit partizipieren lassen, zum Beispiel die entstehenden Lösungen vorstellen und um Feedback bitten</td></tr>
<tr><td>Menschen mit mittleren bis niedrigem Interesse und Einfluss</td><td>Regelmäßig informieren und auf dem Laufenden halten über den Fortschritt der Gestaltung der hybriden Teamarbeit</td></tr>
</table>

Nachdem du jetzt identifiziert hast, mit wem du wie intensiv kommunizieren solltest, ist es Zeit, die nächste Frage zu beantworten.

Fokussiert informieren und kommunizieren

Wie lässt sich der Informations- und Gesprächsbedarf gut bedienen?

Um die hybride Teamarbeit gut zu gestalten, braucht es viel Kommunikation. Zum einen, um Schritt für Schritt miteinander stimmige Lösungen zu entwickeln. Zum anderen, um für ausreichend Unterstützung des herausfordernden Projektes zu sorgen.

»Viel hilft viel« trifft an dieser Stelle nur bedingt zu. Wenn immer mehr vom Gleichen kommuniziert wird oder auf die immer gleiche Art und Weise, hat dies einen eher negativen Effekt.

Eine Möglichkeit, die Zeit und Energie aller auf das Relevante zu fokussieren, ist die Unterscheidung zwischen

Die Kommunikations-Wirkungs-Matrix

Information und Dialog. Während Information einseitig ist, ist Dialog zweiseitig. Zwei-Wege-Kommunikation statt Einbahnstraßenödnis.

Achtzigseitige PowerPoint-Monologe sind immer noch weit verbreitet und besser, als gar nicht zu reden. Zum Ziel führen aber vor allem Dialoge, die Austausch auf Augenhöhe und Mitgestaltung fördern.

Dialoge sind besser als Monologe. Monologe sind besser als gar keine Kommunikation.

Informations- und Gesprächsbedarf haben dabei sowohl die direkt betroffenen Teammitglieder als auch Kolleg:innen außerhalb des Teams, die auch davon betroffen sind, wenn sich die Arbeitsweise im Team ändert. Selten reicht die Zeit dafür, mit allen Betroffenen und Interessierten intensive Gespräche zu führen. Was hilft, ist die gezielte Auswahl von Kommunikationsmöglichkeiten basierend auf ihrem Wirkungsgrad und ihrer Reichweite.

Wie die Kommunikations-Wirkungs-Matrix[71] zeigt, wirken sich einseitige Informationsformate und zweiseitige Dialogformate unterschiedlich intensiv auf die Bereitschaft aus, das eigene Verhalten zu ändern. Während Informationsformate, wie zum Beispiel E-Mails und Präsentationen, nur oberflächliche Impulse setzen, erlauben Dialogformate, wie zum Beispiel Workshops und Vier-Augen-Gespräche, einen intensiven Austausch mit dem Für und Wider der hybriden Teamarbeit und seiner konkreten Ausgestaltung. Genau das, was es braucht, um Vorbehalte in Rückhalt zu wandeln. Um aus Ideen gemeinsame Lösungen zu entwickeln.

Dialogformate haben die höchste Wirkung auf die Unterstützungsbereitschaft, kosten aber auch die meiste Zeit und Energie.

Mit den Ergebnissen der Zielgruppenanalyse kannst du gezielter in den Blick nehmen, wo sich diese Investition in intensive Kommunikation am meisten auszahlt: bei den Menschen, die sowohl hohen Einfluss als auch großes Interesse an der Gestaltung der hybriden Teamarbeit haben.

Wähle wenige Kommunikationsformate bewusst mit unterschiedlicher Wirkungstiefe aus, und setze sie konsequent über die Laufzeit des Projektes um.

Eine kleine, aber feine Auswahl an Kommunikationsmedien könnte zum Beispiel so aussehen:

- Workshop mit allen Interessierten, um gemeinsam Kommunikationsformate zu entwickeln und umzusetzen.
- Vier-Augen Gespräche alle paar Wochen mit Menschen, die sich in besonderem Maße als Fans zeigen genauso wie mit Menschen, die besonders viel Ablehnung zeigen. Für letztere Gespräche empfehlen wir dir als Vorbereitung die Lektüre des Kapitels »Vier Schritte für einen guten Umgang mit Widerstand«.
- Regelmäßige Workshops zur schrittweisen Ausgestaltung der hybriden Team-Zentrale, die Grundkonzeption mit wenigen, grundsätzliche Absprachen mit allen Teammitgliedern und bei Bedarf mit Kolleg:innen aus angrenzenden Abteilungen.
- Statusupdates in jedem Teammeeting (»Was hat sich getan? Woran arbeiten wir als nächstes?«).
- Trainings zum Vermitteln der wichtigsten Kompetenzen bezüglich der neuen Werkzeuge, Methoden und Praktiken.
- Einbinden der Geschäftsführung als Multiplikator zum Vermitteln des generellen Zielbildes und als Dialogpartner für die Stakeholder mit hohem Interesse und Einfluss.
- Regelmäßige Updates per Massenmedium wie E-Mail, Newsletter oder Blog, um alle informiert zu halten, die begrenzten Einfluss auf den Erfolg des Entwicklungsprojektes haben.

Welche Art von Antworten benötigt werden

Nachdem du identifiziert hast, wer Informations- und Gesprächsbedarf hat und wie er sich bedienen lässt, gilt es nun auf folgende Frage eine Antwort zu finden: Welche Fragen solltet ihr am dringendsten beantworten?

»Viel hilft viel« ist jedenfalls der falsche Ansatz, wenn es darum geht, möglichst viele für die hybride Teamarbeit zu gewinnen. Tendenziell lautet die Antwort fast immer: Fokussiere dich auf das Warum und was durch die Veränderung möglich wird.

Erarbeitet euch mithilfe der drei Fragenkategorien des Golden Circle wirksamer Kommunikation von Simon Sinek[72] eine Kommunikationsbasis. Widersteht dem Impuls, ganz viele Was-Fragen zu beantworten, sondern widmet den Warum-Antworten besonders viel Aufmerksamkeit (siehe Kapitel »Ein gemeinsames Zielbild bringt Fokus«).

Nutzt für die Vermittlung des Warum zum Beispiel das Zielbild, das ihr als erstes Modul der hybriden Team-Zentrale entwickelt habt.

Folgende typische Fragen, die Teams in Veränderungsprozessen oft beschäftigen, benötigen in der Kommunikation früher oder später Antworten:

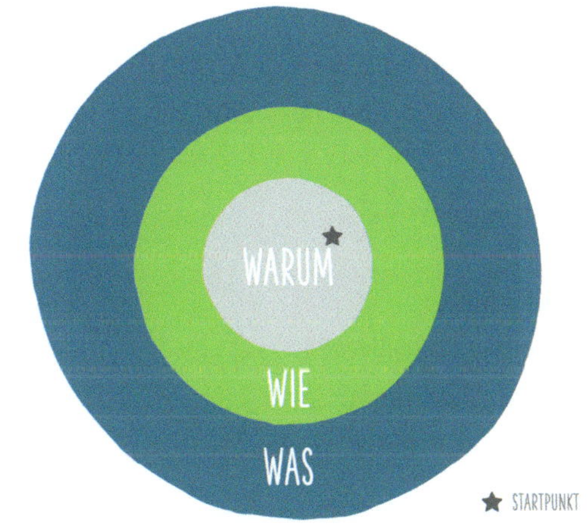

Der »Golden Circle« nach Sinek

Kategorie »Warum«:
Warum muss etwas verändert werden?
Wo wollen wir hin? Warum genau dorthin?
Wofür sind die angestoßenen Maßnahmen gut?

Kategorie »Wie«:
Auf welche Art und Weise werden wir die Ziele erreichen?
Welche Werte stehen bei der Veränderung im Vordergrund?
Wie werden wir beteiligt?

Kategorie »Was«:
Was wird von uns erwartet?
Was genau soll passieren?
Was muss von wem getan werden?

Wirksame Kommunikationsformate regen gleichermaßen Herz, Hand und erstand an.

Dialog wird umso entscheidender, je schwieriger die Themen. Entscheidend ist, auch darüber zu kommunizieren.

Wenn es euch als Team gelingt, euch immer mal wieder Zeit zum Dialog zu nehmen, werdet ihr erleben, wie das alle eure Aktivitäten rund um die Gestaltung der hybriden Zusammenarbeit wirksam unterstützt und ihr so Schritt für Schritt auf ein neues gemeinsames Level kommt.

7 Ein paar Gedanken zum Schluss

Dieses Buch ist voller kleiner Schritte, die du als Gestalter:in der Zukunft der Zusammenarbeit mit deinem hybriden Team einen nach dem anderen gehen kannst. Auf Dauer könnt ihr so einen großen Unterschied machen – wenn ihr es schafft, konsequent euren Teamalltag umzugestalten. Und euer tägliches Miteinander zu dem werden lasst, was für euch motivierte und produktive Zusammenarbeit ausmacht.

Von Zeit zu Zeit lohnt es, wenn ihr euch die folgenden Aspekte ins Bewusstsein ruft:

- Nur wenn ihr das Ziel kennt, könnt ihr es auch erreichen. Definiert erst das Ziel, dann den Weg.
- Ein Schritt nach dem anderen. Zu viel auf einmal funktioniert nicht und sorgt für unnötige Frustration.
- Hybrid zu arbeiten, heißt nicht always online. Schafft euch einen Rahmen, indem ihr dauerhaft gut arbeiten könnt – sorgt für genügend Offline-Zeiten.
- Asynchrones Arbeiten schafft die Flexibilität, die sich alle wünschen. Prüft bei jeder Aktivität, ob sie nicht auch für asynchrones Arbeiten geeignet ist.
- Arbeitet mit Prinzipien, die Orientierung geben und weniger mit starren Regeln. Habt ihr zu viele, nicht passende Regeln, geht viel Energie dabei verloren, kreative Möglichkeiten zum Umgehen der Regeln zu finden.

Veränderung ist immer die Bewegung weg von etwas Altem, nicht mehr Passendem und hin zu etwas Neuem und Besserem. Wir wünschen dir viel Erfolg auf deinem Gestaltungsweg. Regelmäßige Inspiration findest du auf »www.hybrid-zusammenarbeiten.de«.

Viel Spaß und
Erfolg auf deiner Reise!

PS: Wir freuen uns, von dir und deinen Erfahrungen zu hören – gerne über LinkedIn oder per E-Mail an »erfahrungen@hybrid-zusammenarbeiten.de«.

Unser Dankeschön

Ein Buch zu schreiben, ist wie auf Expedition zu gehen. Auf eine lange und herausfordernde Expedition, bei der es manchmal gut vorangeht, die Sonne scheint und die Aussicht herrlich ist. Dann wieder fühlt es sich einfach nur schwer an, ein Wolkenbruch jagt den anderen und der Weg ist voller Stolpersteine.

Eines wissen wir sicher – diese Expedition wäre niemals ins Ziel gekommen ohne all die Menschen, die uns dabei zur Seite standen, Mut gemacht haben, mit kleinen wie großen Taten immer wieder ausgedrückt haben: Es ist eine gute Idee, dass ihr dieses Buch schreibt.

Allen diesen Menschen möchten wir danke sagen – und stellvertretend einige davon an dieser Stelle nennen.

Sönke Meyer | Dafür, dass du immer hinter mir stehst, an langen Abenden genauso wie in frühen Morgenstunden (Gesine); **Alexander Hanau** | für deine bedingungslose Unterstützung in jeglicher Form (Sonja); **Paul Hanau** | für dein Verständnis und die willkommene Ablenkung (Sonja); **Marleen und Tom Meyer** | für die vielen, vielen Stunden, in denen ihr ohne zu klagen auf mich verzichtet habt (Gesine); **Ines Sittig** | für die ununterbrochene Begeisterung; **Ann Oelkers** | für das Mut machen und Selbstbewusstsein geben, einfach für den sympathischen Tritt in den Hintern, den wir brauchten; **Kirsten von Mejer** | für dein immer offenes Ohr und das liebevolle Rückenstärken (Gesine); **Tina Fuchs** | für die vielen Stunden, die du ins Lesen investiert hast und für das viele wertvolle Feedback; **Christian Hoffmann, Sabine Kempke, Jens Grübner** | für das intensive Unterstützen und Herausbringen des Buches; **Dietrich Wedegärtner** | für den scharfen Blick und die motivierenden Worte; **Boris Harder** | für dein kritisches Hinterfragen und Kommentieren – ohne dich wäre mancher Satz nicht ansatzweise so prägnant; **Andrea Feuersänger** | für deine Meta-Analyse und die Punkte, die wir für ein besseres Verständnis einbauen sollten; **Andrea Rossmar** | für deine unzähligen Sprachnachrichten, die dieses Buch so viel besser gemacht haben; **Anja Mönnich** | für das ununterbrochene Interesse und die bestärkenden Rückmeldungen; **Michael David** | für die Inspiration zum Kapitel Selbstführung; **Daniela Gardini** | für dein kritisches Auge und die wertvollen Hinweise; **Jürgen Hampe** | für deine Expertise rund um das Thema positive Psychologie und die kontinuierliche Ermutigung; **Sven Zorman** | für den Hinweis, dass es einfach ein Buch braucht zu diesem Thema; **Matthias Pfannmüller** | für die unschlagbaren Tipps eines alten Buch-Hasen; **Malte von Tiesenhausen** | für die großartigen Einblicke in den Verlag und die vielen hilfreichen Fragen; **Walter Epp** | für die Inspiration, den Artikel »Fünfzig Fehler in Online-Meetings« zu schreiben, über den der Verlag BusinessVillage und wir zusammengefunden haben.

Nicht zuletzt bedanken wir uns bei allen Teams und Organisationen, die uns ihr Vertrauen geschenkt haben und die wir auf ihrer Reise in die hybride Arbeitswelt begleiten durften.

Endnoten

1 Gartner Studie: How Organizations Are Supporting a Hybrid Workforce (2020), online unter https://www.gartner.com/en/human-resources/trends/how-organizations-are-supporting-a-hybrid-workforce [Abruf 17.01.2022]

2 New Work Studie: Arbeitswelt nach Corona (2021), BVDW, online unter https://nwx.new-work.se/themenwelten/unternehmen/bvdw-umfrage-arbeitswelt-nach-corona-wie-machen-wir-weiter [Abruf: 20.01.2022]

3 Nadella, S. (2021): The hybrid work paradox. Linkedin.Com; online unter https://www.linkedin.com/pulse/hybrid-work-paradox-satya-nadella/ [Abruf 01.02.2022]

4 Leimeister, J. M. (2014): Collaboration Engineering. Springer.

5 Schulz von Thun, F. (2010): Miteinander reden 1: Störungen und Klärungen: Allgemeine Psychologie der Kommunikation. Rowohlt.

6 Rosenberg, Marshall B. (2016): Gewaltfreie Kommunikation: Eine Sprache des Lebens. Junfermann.

7 Ruch, Floyd L.; Zimbardo, Philip G. (1974): Lehrbuch der Psychologie. Springer.

8 Herrmann, D., Hüneke, K., & Rohrberg, A. (2007): Führung auf Distanz: Mit virtuellen Teams zum Erfolg. Gabler.

9 Skelton, M., & Pais, M. (2019): Team topologies: Organizing business and technology teams for fast flow. IT Revolution Press.

10 5 things high-performing teams do differently. (2021): Harvard Business Review. online unter https://hbr.org/2021/10/5-things-high-performing-teams-do-differently [Abruf 12.01.2022]

11 Parkinsonsches Gesetz: Das Monster Bürokratie (2009), Süddeutsche Zeitung, online unter https://www.sueddeutsche.de/wissen/parkinsons-gesetz-das-monster-buerokratie-1.446574 [Abruf 30.01.2022]

12 Haussmann, M. (2014): UZMO - Denken mit dem Stift: Visuell präsentieren, dokumentieren und erkunden. Redline.

13 Liberating Structures: online unter https://liberatingstructures.de/ [Abruf 27.01.2022]

14 Leisgang, T.; Petranovskaja, N. (2021): Das Handbuch der Entscheidungen. Eigenverlag.

15 Delegation Poker, online unter https://management30.com/practice/delegation-poker/ [Abruf: 25.01.2022]

16 Leisgang, T.; Petranovskaja, N. (2021): Das Handbuch der Entscheidungen. Eigenverlag.

17 Definition Duden für Ritual: online unter https://www.duden.de/suchen/dudenonline/ritual [Abruf 27.01.2022]

[18] Fiese, B. (2006): Family Routines and Rituals (Current Perspectives in Psychology).Yale University Press.

[19] Van Bavel, J., Packer, D., Editorial Board, Weingarten, E., & Bloom, P. (2021): From strangers to teammates: How getting on the same wavelength might be more than a metaphor. Behavioral Scientist. Online unter https://behavioralscientist.org/power-of-us-from-strangers-to-teammates-how-getting-on-the-same-wavelength-might-be-more-than-a-metaphor/ [Abruf 27.01.2022]

[20] Clear, J. (2018): Atomic habits: An easy and proven way to build good habits and break bad ones. Random House Business Books.

[21] Digital Work Design: Die Big Five für Arbeit, Führung und Organisation im digitalen Zeitalter (2018): Technische Universität München, online unter https://www.researchgate.net/publication/323005757_Digital_Work_Design_Die_Big_Five_fur_Arbeit_Fuhrung_und_Organisation_im_digitalen_Zeitalter [Abruf: 27.01.2022]

[22] Berninger-Schäfer, E. (2019): Digital Leadership. Die Digitalisierung der Führung. Manager Seminare.

[23] Ebner, M. (2020): Positive Leadership: Leading successfully with PERMA-Lead: the five keys to high-performance. Facultas.

[24] Sinek, S. (2011): Start with why: How great leaders inspire everyone to take action. Penguin Books.

[25] Stuart, C. E. (2020): Cynefin-Framework als Wegweiser zur Agilen Führung: Welche Projektmanagementmethode für welche Art von Projekt? - Wasserfall, Scrum, Kanban? Books on Demand.

[26] Ries, E. (2012): The lean Startup: How today's entrepreneurs use continuous innovation to create radically successful businesses. Nikken BP Sha.

[27] Edmondson, A. C. (1999): Psychological Safety and Learning Behavior in Work Teams. Wissenschaftlicher Artikel. Veröffentlicht am 1.6.1999.

[28] Re:work Guide: Unterstand team effectiveness (2016): Online unter https://rework.withgoogle.com/print/guides/5721312655835136/ [Abruf 27.01.2022]

[29] Olderbak, S., Wilhelm, O., Olaru, G., Geiger, M., Brenneman, M. W., & Roberts, R. D. (2015): A psychometric analysis of the reading the mind in the eyes test: toward a brief form for research and applied settings. Frontiers in Psychology, 6, 1503. Online unter https://doi.org/10.3389/fpsyg.2015.01503 [Abruf 27.01.2022]

[30] Frauenheim, E., & Murphy, S. (n.d.). Caring as competitive advantage. Great Place to Work. https://www.greatplacetowork.com/resources/blog/caring-as-competitive-weapon [Abruf 30.01.2022]

31 Edmonson, E. (2014): Building a psychologically safe workplace. Online unter https://www.youtube.com/watch?v=LhoLuui9gX8 [Abruf 30.01.2022]

32 Löffler, M. (2022): Die Scrum Master Journey. Business Village.

33 It's ok to say what's ok. Online unter https://gds.blog.gov.uk/2016/05/25/its-ok-to-say-whats-ok/ [Abruf 26.12.2021]

34 Werther, S. (2015): Einführung in Feedbackinstrumente in Organisationen. Springer.

35 Brown, B. (2010): Die Macht der Verletzlichkeit. Online unter https://www.ted.com/talks/brene_brown_the_power_of_vulnerability?language=de [Abruf 17.01.2022]

36 Eidenschink, K. (2004): »Mann, bin ich gut!« - Die Not narzisstischer Manager. wirtschaft & weiterbildung.

37 Goleman, D. (1997): EQ. Emotionale Intelligenz. DTV.

38 Fosslien, L., & Duffy, M. W. (2019): No hard feelings: Emotions at work and how they help us succeed. Portfolio Penguin.

39 Stahl, E. (2012): Dynamik in Gruppen: Handbuch der Gruppenleitung. Beltz.

40 Stahl, E. (2012): Dynamik in Gruppen: Handbuch der Gruppenleitung. Beltz.

41 Lencioni, P. M. (2012): The five dysfunctions of a team, enhanced edition: A leadership fable. Jossey-Bass.

42 Lencioni, P. M. (2012): The five dysfunctions of a team, enhanced edition: A leadership fable. Jossey-Bass.

43 Waitzkin, J. (2008): The art of learning: An inner journey to optimal performance. Free Press.

44 Senninger, T. (2010): Abenteuer Leiten - in Abenteuern lernen. Ökotopia.

45 Schmundt, H. (2018): Wie (fast) jeder zum Genie werden kann. Online unter https://www.spiegel.de/wissenschaft/aktives-lernen-wie-fast-jeder-zum-genie-werden-kann-a-00000000-0002-0001-0000-000155719026?context=issue [Abruf 16.01.2022]

46 Begriffsdefinition Aktives Lernen (2001): Online unter https://www.faz.net/aktuell/feuilleton/bildung-was-bedeutet-aktives-lernen-140628.html [Abruf 30.01.2022]

47 Kostka, C.; Kostka, S. (2017): Der kontinuierliche Verbesserungsprozess. Carl Hanser.

48 Breidenbach, J.; Rollow, B. (2019): New Work needs Inner Work – Ein Handbuch für Unternehmen auf dem Weg zur Selbstorganisation. Das Dach Berlin UG.

49 Covey, S. R. (2018): Die 7 Wege zur Effektivität: Prinzipien für persönlichen und beruflichen Erfolg. GABAL.

50 Thimm, K. (2021): Corona und Weihnachten: Psychiater Klaus Lieb erklärt, wie man diese Zeit am besten durchsteht. Online unter https://www.spiegel.de/psychologie/corona-und-weihnachten-psychiater-klaus-lieb-erklaert-

wie-man-diese-zeit-am-besten-durchsteht-a-f35791d5-27de-4c33-9635-959d8f4c4119?sara_ecid=soci_upd_wbMbjhOSvViISjc8RPU89NcCvtlFcJ [Abruf 16.01.2022]

51 DAK Studie zu Vorteilen des Home Office, online unter: http://de.statista.com/statistik/daten/studie/1135485/umfrage/vorteile-von-homeoffice-in-deutschland [Abruf 31.01.2022]

52 DAK Studie zu Nachteilen des Home Office, online unter: https://de.statista.com/statistik/daten/studie/1135513/umfrage/nachteile-von-homeoffice-in-deutschland/ [Abruf 31.01.2022]

53 Jenewein, W., & Heidbrink, M. (2008): High-performance-teams: Die fünf Erfolgsprinzipien für Führung und Zusammenarbeit. Schaffer-Poeschel Verlag.

54 Doerr, J. (2018): Measure what matters: OKRs: The simple idea that drives 10x growth. Portfolio Penguin.

55 How to make toast. Online unter https://www.drawtoast.com/ [Abruf 16.01.2022]

56 Herrman, J. (2019): Slack wants to replace email. Is that what we want? The New York Times. Online unter https://www.nytimes.com/2019/06/19/style/slack-replace-email-ipo-listing.html [Abruf 18.01.2022]

57 Kondo, M. (2017): Magic Cleaning: Wie Sie sich von Ballast befreien und glücklich werden. Rowohlt. Taschenbuch.

58 Laloux, F. (2015): Reinventing Organizations. Ein Leitfaden zur Gestaltung sinnstiftender Formen der Zusammenarbeit. Vahlen.

59 Wikipedia contributors. (n.d.). Besprechung. Wikipedia, The Free Encyclopedia. Online unter https://de.wikipedia.org/w/index.php?title=Besprechung&oldid=207879619 [Abruf 20.01.2022]

60 Sinek, S. (2014): Frag immer erst Warum: Wie Top-Firmen und Führungskräfte zum Erfolg inspirieren. REDLINE.

61 Post-it App. Online unter https://www.3mdeutschland.de/3M/de_DE/post-it-notes/ideas/app/ [Abruf 20.01.2022]

62 How to embrace asynchronous communication for remote work. (n.d.). GitLab. Online unter https://about.gitlab.com/company/culture/all-remote/asynchronous/ [Abruf 12.01.2022]

63 Remote work should be (mostly) asynchronous (2021). Harvard Business Review. Online unter https://hbr.org/2021/12/remote-work-should-be-mostly-asynchronous [Abruf 31.01.2022]

64 Doppler, K. (2019): Change Management: Den Unternehmenswandel gestalten. Campus

65 Doppler, K. (2019): Change Management: Den Unternehmenswandel gestalten. Campus

66 Schulz von Thun, F. (2010): Miteinander reden 1: Störungen und Klärungen: Allgemeine Psychologie der Kommunikation. Rowohlt.

[67] Dannemiller, K. D., & Jacobs, R. W. (1992): Changing the way organizations change: A revolution of common sense.

[68] Kotter, J. P. (2011): Wie Sie Ihr Unternehmen in acht Schritten erfolgreich verändern. Vahlen.

[69] Janssen, C. (2003): Arbetets plågor. Fyrarummaren AB.

[70] Deutinger, G. (2017): Kommunikation im Change: Erfolgreich kommunizieren in Veränderungsprozessen. Springer.

[71] Dollinger, A. (2014): Change Trainings erfolgreich leiten. Manager Seminare.

[72] Sinek, S. (2014): Frag immer erst Warum: Wie Top-Firmen und Führungskräfte zum Erfolg inspirieren. REDLINE.

ad hoc visualisieren

Malte von Tiesenhausen
ad hoc visualisieren
denken sichtbar machen
4. Auflage 2020

192 Seiten; 24,80 Euro
ISBN 978-3-86980-298-5; Art.-Nr.: 930

Wünschst du dir, deine Ideen verständlicher und auf den Punkt zu vermitteln? Du möchtest beim Arbeiten an Lösungsstrategien die Potenziale aller Teilnehmer voll ausschöpfen? Oder du möchtest bei Vorträgen oder Präsentationen Inhalte so vermitteln, dass deine Zuhörer den Informationsfluten nicht durch geistige Abwesenheit trotzen? Dann ist dieses Buch die Lösung, denn ein Bild sagt mehr als tausend Worte.

Das gilt für die immer komplexer werdende Welt mehr denn je. Wer das Visualisieren beherrscht, findet schnell eine gemeinsame Ebene und einen gemeinsamen Zugang, der nicht durch Worte verdeckt ist.

Du kannst gar nicht zeichnen? Du hast kein Talent? Falsch! Mit diesem Buch wirst du den Zeichner in dir entdecken. Nutze die Visualisierung, um nachhaltiger zu erklären und als ganz neue Ressource bei der Ideenentwicklung. Der Cartoonpreisträger und Visualisierungsexperte Malte von Tiesenhausen inspiriert dich in diesem Buch, selbst den Stift in die Hand zu nehmen und ihn nicht wieder loszulassen. In unterhaltsamer und aufgelockerter Art und Weise stellt er Methoden und Techniken vor, wie du selbst die Kraft der Bilder nutzt und deinen Fokus auf die Welt erweiterst.

www.BusinessVillage.de